室内设计基础（增补版）

吴卫光 主编

王煜新　齐晓韵 编著

上海人民美術出版社

图书在版编目（CIP）数据

室内设计基础：增补版 / 董春欣，王煜新，齐晓韵编著.—
上海：上海人民美术出版社，2021.12 （2023.2 重印）
ISBN 978-7-5586-2235-9

Ⅰ.①室… Ⅱ.①董… ②王… ③齐… Ⅲ.①室内装饰设计
Ⅳ.①TU238.2

中国版本图书馆CIP数据核字（2021）第233163号

室内设计基础（增补版）

主　　编：吴卫光

编　　著：董春欣　王煜新　齐晓韵

统　　筹：姚宏翔

责任编辑：丁　雯

流程编辑：孙　铭

技术编辑：史　湧

出版发行：上海人民美術出版社
　　　　　（地址：上海市闵行区号景路159弄A座7F　邮编：201101）

印　　刷：上海颛辉印刷厂有限公司

开　　本：889×1194　1/16　8印张

版　　次：2022年1月第1版

印　　次：2023年2月第2次

书　　号：ISBN 978-7-5586-2235-9

定　　价：65.00元

序言

　　培养具有创新能力的应用型设计人才，是目前我国高等院校设计学科下属各专业人才培养的基本目标。一方面，这个基本目标，是由设计学的学科性质所决定的。设计学是一门综合性的学科，兼有人文学科、社会科学与自然科学的特点，涉及精神与物质两个方面的考虑。从"设计"这个词的语源来看，创新与应用是其题中应有之义。一方面，在高科技和互联网已经深入我们生活中每一个细节的今天，设计再也不是"纸上谈兵"，一切设计活动都与创造直接或间接的经济利益和物质财富紧密相关。另一方面，创新与应用的目标，也是21世纪以来高等设计专业教育所追求的一种新型的人才培养模式。在从"中国制造"向"中国创造"转型的今天，早已在全国各地高等院校生根开花的设计专业教育，已经做好了培养创新型人才的准备。

　　本套教材的编写，正是以培养创新型的应用人才为指导思想。

　　因此，本套教材极为强调对设计原理的系统解释。我们既重视对当今成功设计案例的批评与分析，更注重对设计史的研究，对以往的历史经验进行总结概括，在此基础上提炼出设计自身所具有的基本原则和规律，揭示具有普遍性、系统性和实用性的设计原理。其实，这已经是设计专业教育的共识了。本套教材将设计的基本原理、系统方法融入课程教学的各个环节，希望在此基础上，以原理解释来开发学生的设计思维，并且指导和检验学生在课程教学中所进行的一系列设计练习。

　　设计的历史表明，推动设计发展的动力通常来自社会生活的需求和科学技术的进步，设计的创新建立在这两个起点之上。本套教材的另一个特点，便是引导学生认识到设计是对生活问题的解决，并学会利用新的科学技术手段来解决社会生活中的问题。本套教材，希望培养起学生对生活的敏感意识，对生活的关注与研究兴趣，对新的科学技术的学习热情，对精神与物质两方面进行综合思考的自觉，最终真正将创新与应用落到实处。

　　本套教材的编写者都是全国各高等设计院校长期从事设计专业教学的一线教师，我们在上述教学思想上达成共识、共同努力，力求形成一套较为完善的设计教学体系。

吴卫光

于 2016 年教师节

前言

　　过去我们一提到室内设计马上会联想到室内装潢或室内装饰，很多艺术类或设计类院校都开设了相关课程并培养出了大量优秀人才。然而，如果我们细想一下会发现，今天我们对室内设计的要求远不止对室内空间环境的装修、装饰或美化，而会从更高的层面对室内环境提出要求。这里既有精神、文化等层面对内涵的要求，也有施工、制作等层面对技术的要求，它们都围绕着使用者对其生活环境态度的转变而不断发生变化。所以室内环境设计涵盖的专业领域不是固化的，而是不断向更为宽广的纵深开拓发展的。我们所要思考和研究的内容也在不断深入，伴随着行业发展的需求以及技术条件的改良而不断前行。这一切都对本专业的人才培养方式提出了更高的要求。

　　室内环境设计的学习是一个复杂而又系统的过程，不但需要了解相关的理论知识、行业规范，而且要了解最新的工艺技术及设备材料。当然，大量课题实践是将相关知识融会贯通的最佳途径。而对于初涉本专业领域的广大学子而言，本书除了介绍室内环境设计的相关要领之外，更有来自本行业的资深设计师同高校专业教师一起组成写作团队，向大家分享我们的关注点和思考点，展示我们的教学实践案例。我们将一系列室内环境设计所面对的问题分别融入本书的八个章节中，其间还夹杂着我们这些年收集的第一手资料以及部分优秀学生设计作品案例。相信通过阅读本书，学生可以较快地从理论层面和技术层面对室内环境设计有一个直观的了解。

　　室内环境设计也是一个创造性较高的领域，不论是空间形态还是工艺技术，都有广大设计师开拓创新、实现自我价值的广阔天地。至关重要的是在其中真正发现自己的天赋与特长，有针对性地加以练习并在实践过程中学以致用，从而为人们创造出更为美好的生活环境。

目录 Contents

Chapter 5
室内照明艺术

Chapter 6
室内家具与软装陈设

Chapter 7
室内装饰材料运用

Chapter 8
室内设计制图规范 与表现方法

Chapter 1
室内设计专业入门

🔍 **学习目标**

了解室内环境设计的学科概念,了解室内设计工作的职业内容以及设计师的社会责任。

🔍 **学习重点**

1. 了解室内设计师的职业道路。
2. 认识室内设计的发展历程。

一、走进室内环境设计

当我们坐在窗前翻书的这一刻,有的人正在办公室里做着朝九晚五的工作;有的人正在教室里听老师讲课;有的人正在博物馆里回望历史;有的人则在产房里呱呱落地,来到了这个纷繁多变的世间。如果说世界上有千万个人存在,那么就会有千万个不同空间里的这一刻。人在一生的时间里无论经历有多么与众不同,都免不了生活在某个时间和某个空间中。可以说,时间和空间共同承载了人丰富的一生。

人的一生中有很大一部分时间是在室内空间中度过的。室内空间的环境对人的成长起着潜移默化的影响,人的性格发展,身体发育,心理养成都会受到空间环境的影响。反过来,成人之后,我们也会对各种空间环境提出要求。无论是在居住和工作中、食宿和旅行中,还是在学习和休息中,我们都会主动地去挑选更高质量、更符合我们特定需求的空间环境。由此,良好的空间环境是生存所需,也是人生活在这个世界上对美好生活的追求。

人类这种对生活在美好空间环境中的需求,促生了现代室内环境设计这门学科的产生和发展。室内环境设计旨在解决空间里"人"和"物"的关系,满足人们的需求,从而体现其价值和意义。围绕着不同的"人"的需要,空间中的"物"也不断地被设计和营造,不断进行形式与技术的创新。另外,无论技术如何发展,时代如何变迁,当下世界各地的文化如何不同,学习室内环境设计的最终目的,就是通过空间来塑造人的日常生活(图1)。为了让人们在日常生活中体会到更方便、更高质量且更具艺术感受的环境,室内环境设计学科也在不断地创新和发展。

❶ 年代久远的历史资料,老照片中记录了女主人在明亮整洁的室内空间中,享受着下午茶与书本的日常时光。

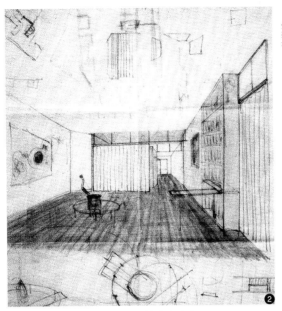

❷❸ 从看似简单的手稿，到最终建造出来的建筑，室内设计师需要具备专业的知识并经历漫长的训练过程，其中的艰苦只有从业者自己知道。

009

Chapter 1 室内设计专业入门　　Chapter 2 室内设计的工作程序与设计思考　　Chapter 3 室内设计中的空间与界面　　Chapter 4 室内设计中的色彩　　Chapter 5 室内照明艺术　　Chapter 6 室内家具与软装陈设　　Chapter 7 室内装饰材料运用　　Chapter 8 室内设计制图规范与表现方法

1. 室内设计师的职业之路

从大学开始学习环境艺术专业，到毕业后参与实践工作，再从各种项目中获取足够经验，努力成为独当一面的职业设计师，是一个漫长艰辛的过程（图2、3）。

由学生变成职业人，室内设计师需要经历考证和注册等各种事项，获得国家设置的专业机构的认证资质。而只有具有合格资质的室内设计师才可以在施工图的图签栏中签上自己的姓名。一般处在学习阶段的学生，以及刚刚步入职场的从业者，可能在相当一段时间内只能从事"幕后"的设计工作。所以，在现实中，从学成知识再到职业成功，从事室内环境专业需要个人付出极大的努力和耐心。当然，从初探到成熟，很多无法坚持到最后的人也会被淘汰。

室内设计是一个非常"了不起"的专业，因为它要求从业者身上具备相当储量的学科知识，不仅需要兼备"设计技术"和"设计艺术"的学问，还需要有出色的团队管理和协作的能力。此外，设计师还要善于与人沟通，懂得项目管理，能随机应变地应付项目中的各种突发问题。对于那些有更高目标和希望成为"业界大师"的从业者来说，优秀的综合素质是最终能够获得成功的必要条件。

在就职期间，设计师除了做好设计这一本职工作以外，还要经常应付各种汇报与方案解说，会遇到各色各样的业主以及施工队伍。在就业过程中，根据项目的大小规模，业主可能是一个团队，也可能只是一两个项目对接人。在这些业主中，有一些会是专业的设计管理者，也有一些会是更看重结果的决策人。另外，在与施工队伍的协作中，由于施工质量的问题，设计师可能经常感觉备受"挑战"。

在项目的建造过程中，设计师往往也会扮演多种角色，在业主和施工方中间做周旋和协调工作。如果项目的进度顺利，设计师会在各种会议和工地现场组织多方进行考查和讨论；如果遇到不顺利的状况，设计师则需要组织答疑和变更修正。最后，当看见图纸上的方案在现实中被建造和呈现，室内设计师的成就感也会油然而生。在职业生涯里，如果能在某个专项设计领域做出成就，室内设计师就会产生一种光荣的"使命感"，在退休之前都会竭力为社会呈现出更加高品质的作品，同时传递更正向的设计价值观。

2. 室内设计学科的专业分类

　　室内环境设计是一门比较庞杂的学科，要求从业者具备的专业知识甚至不比建筑师来得少。另外，设计师还要懂得细心体验生活，创造新的生活形态，毕竟室内设计的成果直接关系到使用者的身体感受以及生活质量。

　　从历史发展过程来看，室内设计是从过去建筑师所掌握的技艺中逐渐分离出来的专业工种。另外，室内设计工作也由过去设计师一人担当多种角色——从方案设计一直延伸到施工管理，逐渐演变到目前更为细分和专业的工种。而现在社会上各种细分种类的室内设计类公司也层出不穷。例如，有从事住宅设计、商店设计、家具设计、展示设计、各种公共空间设计等专业公司。此外，从项目的纵向关系来看，有专门从事方案设计的公司，负责深化和施工图设计的公司，甚至在设计较为发达的地区，还存在大量专门承接方案效果图和专业制作方案汇报动画的公司。以下表格将目前与室内设计学科相关的从业种类做了简单罗列：

室内设计职业相关类别：

室内设计职业相关类别				
住宅室内设计师（家庭、公共）	商店类室内设计师	餐饮空间类室内设计师	博物馆类设计师	商业临展类设计师
小型景观庭院类设计师	家具道具类设计师	艺术照明设计师	历史建筑保护与修复类设计师	CAD专业出图设计员
公共空间（校园、医院、图书馆）类设计师	超大型公共空间（火车站、机场等）类专业设计师	星级酒店类专业设计师	室内软装类顾问	其他类

室内设计其他工种与工程师：

室内设计其他工种与工程师				
电气工程师	给排水工程师	暖通工程师	建筑声学工程师	道具工程师
建筑消防与安全工程师	建筑结构工程师	照明工程师	建造工程师	其他类

011

室内设计专业入门 Chapter 1

室内设计的工作程序与设计思考 Chapter 2

室内设计中的空间与界面 Chapter 3

室内设计中的色彩 Chapter 4

室内照明艺术 Chapter 5

室内家具与软装陈设 Chapter 6

室内装饰材料运用 Chapter 7

室内设计制图规范与表现方法 Chapter 8

根据项目进度细分职业种类：

项目进度从左至右				
负责方案与概念设计的设计师	专业效果图设计与出图设计师	空间演绎编导与设计的设计师	负责设计深化的设计师	CAD施工图出图专员

3. 室内设计师的职业资质

从事室内设计的工作人员如果能够取得国家相关机构的认证，得到资质证书，将会拥有更广阔的职业前景。在目前执业的设计师群体中，常见的"考证"通常为获得以下表格中的证书：

职业证书列表：

资质名称	隶属管理机构	考试时间
国家二级注册建造师（需工程类或工程经济类学位）	由地方建设厅和地方人事厅共同颁发证书	一年上旬2月左右
国家一级注册建造师（需工程类或工程经济类学位）	由国家建设部和人事部共同颁发证书	一年中旬6月左右
国家二级注册建筑师	全国建筑师管理委员会	一年中旬5月左右
国家一级注册建筑师	全国建筑师管理委员会	一年中旬5月左右
CIDA助理室内装饰设计师	中国室内装饰协会	根据报考通文
CIDA中级室内装饰设计师	中国室内装饰协会	根据报考通文
CIDA高级室内装饰设计师	中国室内装饰协会	根据报考通文

建筑师的注册考试难度最大，但一旦考到证书，便可以从事各类室内设计和建筑设计的工作。此外，在工作中，也有部分设计师具有建造师的资质，他们可以自行开业，自行监管从施工到竣工的全部过程，甚至进行项目管理等工作。而 CIDA 的证书，一般被视为求职过程中的一种能力证明，能够帮助室内设计师进行职业提升。

二、室内设计的发展历程

人们生存和生活的室内环境，其功用从最初的提供安全庇护、方便使用，到人在环境中享受其品质带来的心理满足，升华感情。环境设计关乎一个人，乃至一个群体的生活状态。在社会的发展历程中，根据不同时代、不同群体、不同民族、不同文化，室内的环境设计也被注入了精彩纷呈的形式和内容，以下就西方各个时期的室内设计做一个简单的介绍和评论。

小贴士

学位和执业证是建筑师非常重要的履历证明，用以证明建筑师具有系统的专业知识以及对应的能力。

上图中的六人是世界公认的具有世界影响力的建筑大师。有意思的是这六位都没有拿到建筑的学位。他们分别是：芝加哥建筑学派的领军人物——路易斯·沙利文（上左），美国现代主义建筑样式的忠实实践者——密斯·凡德罗（上右），美国现代主义建筑的杰出代表——弗兰克·劳埃德·赖特（中左），世界公认的现代主义建筑旗手——勒·柯布西耶（中右），被哈佛开除却作品斐然的巴克明斯特·富勒（下左），以及倔强的拳击手出身的从业建筑师安藤忠雄（下右）。

以下图表列举了西方主流思潮影响下的设计历史，每一个新的时代都会给室内设计带来全新的形式和全新的作品（图4—8）。

年份	意大利	英国	法国	德国	美国
1400	文艺复兴（初期）		哥特时期		
1450			文艺复兴时期		
1500	文艺复兴（中期）	都铎王朝风格			
1550	文艺复兴（后期）	伊丽莎白时期			
1600	巴洛克时期		路易十四时期巴洛克	文艺复兴时期	殖民时期风格
1650					
1700	洛可可时期	安妮女王时期			乡村风格安妮女王时期
1750		乔治亚当齐本德尔	路易十五时期洛可可		联邦风格
1800		摄政时期维多利亚时期			新古典主义时期
1850	1851第一届世博会 工艺美术运动		巴黎世博会（埃菲尔铁塔）新艺术运动	青年风格奥地利分离派德意志制造联盟	
1900		新艺术运动 格拉斯哥四人团	装饰艺术运动	包豪斯	新艺术运动装饰艺术运动
1950	现代主义时期			现代主义时期	美国现代主义时期 国际主义时期
1980	后现代主义时期 孟菲斯设计集团				
2000	后现代主义时期	后现代主义时期	后现代主义时期	后现代主义时期	后现代主义时期

❹ 文艺复兴影响下的成就不止在建筑、绘画、雕塑等领域，在室内设计中，文艺复兴同样留下了瞩目辉煌的作品。图为梵蒂冈的圣彼得大教堂，由米开朗基罗设计。

❺ 法国的凡尔赛宫，是奢华的巴洛克风格的代表巨作，其中部分厅堂也具有法国洛可可风格。

❻ 此图为18世纪英国安妮女王时期风格的家具设计。（图片来源：卡拉·珍·尼尔森著，徐军华、熊佑忠译，《美国大学室内装饰设计教程》，2008年，第246页。）

西方现代室内环境设计是随着社会生产力的解放，以及物质生活的不断提升而逐渐发展起来的。

最初室内设计的工作和建筑师的工作界限很模糊，甚至建筑师在设计建筑的时候，一并完成了室内设计。随着时代的发展，室内设计逐渐从权贵庙堂、宗教陵墓走向普通社会阶层，越发多样的室内设计开始服务于民众，室内设

❼ 现代主义建筑师中的"奇特"代表安东尼奥·高迪的作品：米拉公寓。高迪的建筑总是充满了自由曲线以及各种童话色彩的造型，其风格在世界现代建筑风貌中独树一帜。

❽ 著名现代主义建筑大师——勒·柯布西耶的作品：萨伏伊别墅。无论建筑还是室内设计都去除了建筑构件中所有无关的装饰，充分贯彻了"功能决定形式"的设计理念，是现代建筑中的先驱和典型。

计师也与建筑师明确了工作的界限，开始大量参与到社会中的建设项目里。

此外，在室内设计的历史变革过程中，权贵阶层的意志，社会思潮的兴起，人本思想的萌发，民众需求的扩大等多重原因也促成了西方室内设计绚烂多彩的成就。在目前留世的作品中，有的作品是具有装饰与象征性的样式创新；有的作品是艺术家个人才智的发挥成果；有的作品是从功能出发，探索了全新的形式。不论设计作品被创造出来的原因是什么，室内设计总是伴随着社会文明的发展，不断地涌现出更新的形式、更新的理念，以及影响社会风貌的伟大作品。

三、室内设计师的社会责任与新要求

1. 我国室内设计师的社会责任

随着时代的发展，每个历史阶段的室内设计师都会面临如何担当社会责任的问题。

当今的中国处在以建设和发展作为主调的时代中，忙碌在一线工作的室内设计师除了满足不同用户的设计需求和创新作品以外，还要对我们国家与社会的经济进步做出贡献，同时兼顾保护国家生态环境，引导社会民众回归理性审美，发扬华夏文明和文化特色。其中，随着民众审美的多样化发展，国际咨询交流更为发达，国内的设计更新频繁，"流行风格"更迭速度加快，引进"国际"实验性设计的范围逐渐扩大。这就要求国内从事设计的人员在选择是"跟随市场变化"，还是"合理取其精华"的问题上需要格外谨慎，有所斟酌。另外，在国家领导层面要求发扬"环境保护意识"的号召下，室内设计师需要在设计理念和建设用材上转变思想，有所选择地进行形式创新，打造"绿色循环"的环保作品，这已然成为室内设计行业的趋势与要求。

2. 当今我国室内设计的发展和展望

根据不完全统计，我国 2016 全年建筑装修装饰全行业完成工程总产值 3.66 万亿元，比 2015 年增加了 2550 亿元，增长率达到 7.5%，比 2015 年加快了 0.5 个百分点，高于全国 GDP 增长率 0.8 个百分点。2016 年，全行业人均劳动生产率提高了 1.46 万元，达到 22.45 万元 / 人，比 2015 年提高了 6.96%[1]。跟随国家"创新、协调、绿色、开放、共享"的发展理念，行业转型升级速度加快。一线企业更是加大了制度和技术的创新，落实行业和国家规划的发展要求。另外，在各个高校的艺术类学科中，环境艺术专业毕业的人数也逐年稳增，缓解了市场上的人才缺口。

1 刘晓一、葛道顺、张玉峰主编，《文化与公共性》，中国建筑装饰行业发展报告 (2017)，2017 年，序言页。

013

室内设计专业入门　Chapter 1

室内设计的工作程序与设计思考　Chapter 2

室内设计中的空间与界面　Chapter 3

室内设计中的色彩　Chapter 4

室内照明艺术　Chapter 5

室内家具与软装陈设　Chapter 6

室内装饰材料运用　Chapter 7

室内设计制图规范与表现方法　Chapter 8

目前，从我国室内设计作品的发展状况来说，以量取胜的时代已逐渐过去，从过去的形式模仿、样式拷贝转换到追求设计创新和求"质"的道路上来，尤其在原创性方面，行业也从模仿、改进、创新三个阶段，逐步实现"弯道超车"。近年来各地相继出现许多本土设计师的优秀作品，它们既符合功能需要和形式创新的要求，也能继承传统文化，弘扬中华文明。新时代中，我国室内装饰设计行业将紧跟国家"创新"战略，接受新的机遇和挑战，为中国社会文化创新的发展贡献力量。

🔍 小贴士

社会科学文献出版社每年会出版中国建筑装饰行业发展报告。报告会全面地分析当年该行业的总体发展情况，针对当年的行业整体市场、企业、设计作品、材料等，给出质量和性质的分析，最后总结发展问题。"行业蓝皮书"能帮助设计师从更宏观的视角了解所在行业，理解行业发展的态势，以便更好地服务于行业和市场。

🔍 课堂思考

1. 简述室内设计的概念。
2. 简述室内设计的学科分类与相关职业。
3. 简述室内设计的发展历史。
4. 简述室内设计师的社会责任。

Chapter 2
室内设计的工作程序与设计思考

了解室内环境设计工作的流程,掌握室内设计工作各阶段的主要内容,对各个阶段的设计成果有一个认知,同时能建立项目整体观。

🔎 **学习重点**

1.了解室内设计的工作顺序。
2.了解每个阶段中构成设计工作的主要内容。

一、室内设计的程序

　　室内设计是一项艺术创作活动,同时也是一门科学技术工作。合理良好的工作程序,能为整个设计项目实施带来科学、可控、良性有序的过程。在实际操作过程中,设计不单单是室内设计师一个人的工作,而是需要设计单位中各个专业工种的努力配合,共同完成设计方案的制作。另外,设计师在实施过程中,也避免不了配合施工人员对"纸上"的作品进行调整和说明,这也是每一位设计师在实际工作中会面临到的考验。

1. 室内设计的常规工作顺序

　　室内设计和建筑设计有着相类似的工作程序,在建筑设计工程中,无论是新建、改建还是扩建,从项目的决策评估到交付验收是一个非常系统、非常严谨和需要遵循先后次序的过程,一旦没有按照流程进行,就无法保证建设项目顺利地展开。

　　在室内项目建设中,项目需要根据建设过程的不同阶段,严格按照顺序执行相应的工作内容。根据目前国家制定的建筑大类建设相关规定,开展项目的基本阶段主要包括项目建议书阶段、可行性研究报告阶段、设计阶段、建

小贴士

正式标书是什么样的?

一般在邀标或投标的大型项目中,设计单位会根据业主给出的招标内容,制定相应的设计成果文件。通常投标的文件分为两部分:一部分是设计标书,也称为"技术"标书,另一部分是有关施工安排与造价的标书,也被称为"商务"标书。在项目递交标书的过程中,两份标书的封面是不允许有特殊设计的,一律以白色封面和大号字体写清楚项目即可,以保证专家审核挑选过程中的公正和公平。

❾ 项目开始之前,设计师需要在会议中与业主充分沟通需求,从项目本身到业主的审美与兴趣,可能都将在会议与聊天中提到。

❿ 项目负责人与团队进行现场勘测与观察,以便对现场情况有良好的掌握,开展具有针对性的设计。

⓫ 专业人员对建筑图纸与现场进行尺寸的复核,同时检查各种图纸是否有误。

设准备阶段、建设实施阶段、竣工验收阶段。室内设计师的主要工作内容集中在设计阶段,当然在项目邀标之前,他们也可能已经参与到业主的立项过程中了。另外,在建设实施阶段,设计师需要监督和参与施工,在竣工后期则需要对设计成果进行验收校对,完成竣工图的归档等。

本章节中主要讨论室内建设过程中设计阶段的工作顺序,对设计阶段前后的内容并不做展开。在设计师集中作业的设计阶段里,设计工作顺序一般可以分为四个内容:设计研究(包括资料收集与现场勘察)、方案设计、扩初设计、施工图设计。每个阶段的主要注意事项如下:

(1)设计研究(包括资料收集与现场勘察)

在进行项目设计之前,设计需要有充分的资料准备和良好的沟通环境。其中包括收集设计对象的完整资料,与服务对象进行清晰交流。

设计师的具体工作有:需要对现场进行充分的踩点和了解;需要与业主进行各类设计需求上的沟通(图9),其中还包括向业主或相关土建部门索要建筑的竣工图纸与相关文档,同时进行现场复核(图10),以免对后期的设计产生不良影响。在一些改建和修复工作没有完成图纸的情况下,室内设计单位还需要派出人员对室内建筑进行勘察和测量以获得相关准确资料(图11)。

在进入方案设计之前,设计团队还需要对设计项目的标书进行专业解读,同时在工程会议和答疑过程中与业主充分沟通,以免在设计中对设计初衷以及目标产生疑义,出现设计方向的偏差。同时要保证会议和沟通过程具有清晰的文字记录,答疑问题需要着重确认后仔细归档,以方便往后在设计创意过程中遇到问题时,可以随时调档检查业主的需求。另外设计研究过程也是方案的目标逐渐清晰的过程,多记录和多存档,能对后续开展工作、核对信息资料、责任判定有充分的准备。

(2)方案设计

在进行项目设计之前,设计师首先需要核对建筑图纸,尤其是平面图的尺寸。在方案生成过程中设计师需要考虑建造的可能性,以免在汇报方案时和

9

10

11

施工后与业主发生结果认知上的纠纷。另外室内设计是寄托在建筑空间里的设计工作,设计师对原建筑状态的了解和尊重,能为室内设计结果带来"倍增效应"。

在方案设计中,由于每个团队或设计师都具有个性的概念生成方法,创意方法不同带来的设计结果千差万别。在这里,设计师可能要特别注意的是:对自身的设计方案需要有一个取长补短的过程,尤其当项目需通过竞标来获得时。在方案设计前期,需要预设在成果汇报中把方案中的优点以及亮点展现出来,这就要求室内设计的过程应具有规划性和全局性。

设计方案成型之后,室内设计师通常会与造价师进行沟通,造价师会详细解读设计方案,同时给出造价预算书。预算书会作为"商务标书",与"技术标书"(图12—15)合订成设计成果,递交给业主。

目前,在国内设计院所的方案展示中,尤其注重设计概念的传达方式的选择,例如用精美的效果图(图16、17)、动态图、空间演示的模型、汇报片等方式,图文并茂地对设计理念进行阐述,这是方案在竞选过程中不可避免遇到的"阵地战"。方案设计(小型项目例外)已经不像过去一样仅仅对室内空间本身进行设计,用几张效果图就能说明问题。对汇报方法的注重,对业主沟

⓬ ⓭ 通常技术标书的内容就是设计师主要的工作内容,其中从空间到装饰,从照明到材料等都是设计师需要考虑的内容。

⓮ 总体设计的说明与平面图的展示。

⓯ 陕西路、海防路小楼二层平面图。

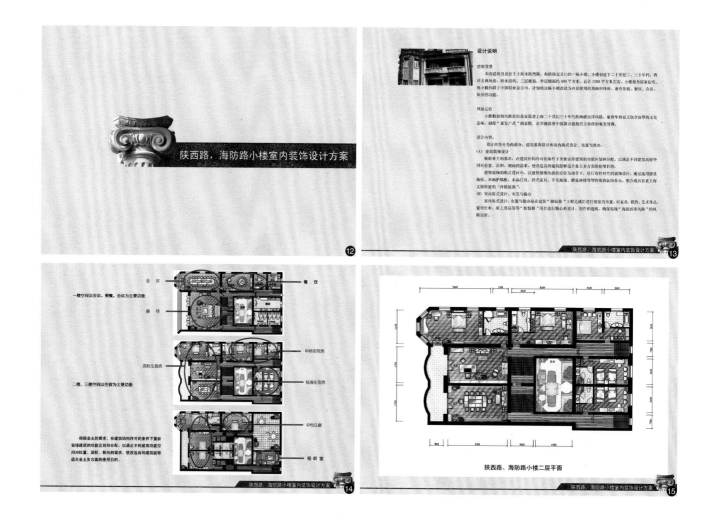

二楼高档套房效果图（一）

一楼正厅效果图（二）

019

Chapter 1 室内设计专业入门　Chapter 2 室内设计的工作程序与设计思考　Chapter 3 室内设计中的空间与界面　Chapter 4 室内设计中的色彩　Chapter 5 室内照明艺术　Chapter 6 室内家具与软装陈设　Chapter 7 室内装饰材料运用　Chapter 8 室内设计制图规范与表现方法

❶❷ 精美的效果图是解释方案的重要手段，同时也能说服业主，对设计师的创意感到满意。

通过程的预想已被充分强调。室内设计的方案呈现方式也朝着更立体、更精确、更具表现力的方向发展。

（3）扩初设计

当方案阶段完成之后，设计师与业主基本对设计成果会有一个共识，同时设计师更明确了工作的内容。如有异议，则需要设计师修改设计，此时的造价也能更精确地被计算出来。

在扩初阶段，设计师的工作主要是和各个专业的设计师进行协调，对设计方案中需要深化的问题进行仔细研究。此时，如暖通专业、消防专业、给排水专业，甚至特殊工种（如建声专业、展示专业等）的设计师会跟进项目，协同把扩初方案进一步完善。另外，设计师需要对施工图纸进行规划，制定图纸数量和编号，协调施工人员对图纸进行前期的准备工作，为施工图的出图提供前期条件。

在扩初阶段结束时，设计师需要与业主再次明确敲定设计内容。一般情况下，扩初结束后不再允许对方案进行修改，如有需要，则根据合同约定范围进行有限的修改。

❸ 通过硫酸纸晒图得到的"蓝图"，也是交付建设单位最标准的施工图纸。

（4）施工图设计

施工图设计阶段也可以被称为设计深化阶段。在深化阶段，设计师的主要工作是根据方案的设计成果，进行工程建造需要的图纸绘制工作。施工图纸是建造单位的施工依据，同时也是工程造价计算的依据。在工程的建造过程中，各个专业要协同配合，其中每个专业的安装和建造工作都需依据各自专业的施工图进行，所以施工图的绘制应该精确严谨，各个专业的图纸要有严格的审图制度。

另外，在施工图的深化过程设计中，设计师需要明确"完成面"的概念，在保证完成面与方案一致的情况下，可以允许预算工作进行弹性调整，以控制造价。施工图的出图有"白图"和"蓝图"（图18）的区分。"蓝图"是通过晒图后

设计研究（包括资料收集与现场勘察）

递交成果形式：设计规划报告、会议调研记录、案例资料报告、设计条件确认报告、背景调研报告、设计日程安排报告、创意构思报告等。

方案设计

递交成果形式：创意草图、创意设计展板与汇报片、创意模型、平面图与立面图、设计概算书、设计执行计划书、设计施工日程安排表等。

扩初设计

递交成果形式：扩初设计说明书、各区完整平面图、顶面图、立面图、色彩设计图、照明设计图、其他专业项目（电气、暖通、给排水、绿化、安保、消防等）设计图、材料样板、各个分项预算书、工程量清单统计、总造价预算书。

施工图设计

递交成果形式：全部施工图纸、平顶面、立面、标准详图、剖面与详图、定制家具、五金配件统计表、标牌配置表、其他专业详图，包括：（装饰、照明、电气、暖通、给排水、安保、建声、消防、绿化等）施工图、装饰材料样板封样等。

现场管理至竣工

递交成果形式：工程监理、设计调整、检查验收成果、编制使用手册、编制竣工文件和图纸、设计存档等。

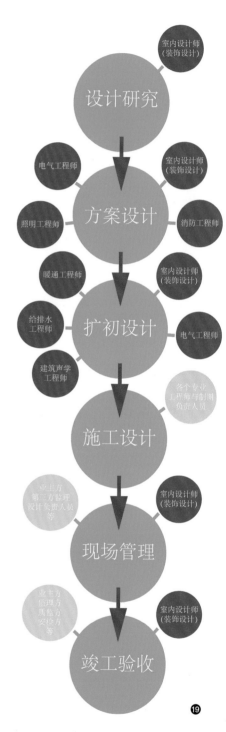

❶⑨

❶⑨ 此图详细说明了在项目的每个阶段，由不同专业的设计师参与进来的先后次序。

得到的图纸，一般根据项目大小和参与各方数量，进行相应套数的配套。在晒"蓝图"前的"白图"，一般就是完成图纸，除了设计内容，图纸上的绘图人、审图人、设计负责人印章，项目负责人印章，单位资质印章等信息也需要反复校对，不可出错。

2. 室内设计与其他专业工种交叉的关系与工作顺序

室内设计既是一门设计工作，同时也是一项工程设计工作。在一个完整的室内设计项目中，除了需要"艺术设计师"的辛勤劳动，也需要其他"工程设计师"的协同配合。在实际项目操作过程中，室内设计有时常常被工程参与各方称为是"装饰专业"，从狭义上来说，即对室内空间里的形式进行设计的工种。除此以外，其他还包括电气、暖通、消防、给排水等各个专业工种，在一些特殊项目中也有可能出现如建声、展示、幕墙，甚至造景等特殊工种专业。

在一个规模较大、牵涉专业较多的项目里，各个专业负责人会协同努力，以求得到完整、顺利、高质量的成果，任何一个专业都需要在工作中依托彼此，联系彼此，同样在设计过程中，任何专业设计师都离不开沟通、协调、配合。尤其在设计细部的探讨过程中,反复商讨、反复修改的情况可能会出现。当然,多种专业的设计师参与到项目里,需要有先后次序(参考图 19),尤其工程设计项目工种的工作顺序不能颠倒,否则就无法正常地进入下一个阶段。

二、影响室内设计师构想作品的因素

1. 使用功能的思考(设计原点)

　　室内设计是带着特定目的将室内空间进行营造的建设行为,其中的"特定目的"即是设计需要满足的一系列功能。不同的室内空间,其建造的"目的"不同,功能也就不同。例如人在空间中的生活起居行为,影响了现代住宅空间中的卧室、客厅、厨房、洗手间的布局和装饰,每一个空间中的营造都要满足人的生活休息所需。再例如办公空间中的办公室、会议室、茶水间等,每一个空间中的营造都要满足人的工作会谈所需。再比如展览空间中的前厅、主要展线空间、休息空间、互动游戏空间等,每一个空间中的营造都要满足人的学习和游览所需。可以说,功能是室内设计的"基础"和"根本"(图20—22),设计之初,如果对功能问题理解不清,含糊造次,则设计出来的作品会容易变得徒有形式或不切主题。

　　在室内设计之初,设计师需要对空间的功能进行确认和分析。目前在很多项目中,室内空间的使用功能经常是叠加且具有弹性的,这也要求设计者对空间的使用功能进行理性分析,分析空间的"功能组成",分析空间里人的行为模式。在室内设计的使用功能上,设计师应该对其有一个梳理。

　　在梳理使用功能上,让室内空间的使用者感觉到环境的安全、卫生、方便使用,满足功能是其最基本的一个层面。在这个层面,设计师要能合理考量室内环境,对室内空间的分割尺度、比例关系、通风、照明、消防安全等有一个科学理性的设计。第二个层面则是满足使用者的心理需求,这需要对使用者的个体或群体特性进行深入了解,充分考虑符合其年龄、文化背景、审美特点的设计形式,要求在作品完成过程中对室内的色彩、家具、软装饰等进行有侧重的配置。当然,功能是一个整体的概念,虽然有所分解,在设计师设计时实际是

⓴ 夸张的照明与装饰元素,以及尺度巨大的装饰构件,共同营造出刺激和喧闹的感受,吸引参观者驻足和参与。单门厅设计满足了娱乐场所需要的"吸睛"的功能。

⓴ 规整的空间分割,有序舒缓的照明安排,朴素的材料使用,使得图书馆充满了静逸的气氛,同时氛围营造和设计细节都满足一个书香场所的设计需求。

⓴ 同样作为书店,服务的对象换成了儿童,在形式设计上产生了巨大的差异。生动的线条,跳跃的色彩,有趣的造型,满足儿童书店所需要营造的空间和设计需求。

021

Chapter 1 室内设计专业入门　Chapter 2 室内设计的工作程序与设计思考　Chapter 3 室内设计中的空间与界面　Chapter 4 室内设计中的色彩　Chapter 5 室内照明艺术　Chapter 6 室内家具与软装陈设　Chapter 7 室内装饰材料运用　Chapter 8 室内设计制图规范与表现方法

连贯考虑的。在考虑过程中，成熟的设计师可以对各个功能上的问题进行综合全面的考虑，做到设计上的平衡。好的室内设计作品一定不是"流于表面形式"的，而是真正做到"功能决定形式"的。良好的设计，是能够满足各个方面功能的。置身在这样的作品中，使用者才可以确切地感受到环境的舒适、安全，同时身心需求得到满足。

2. 人机工程与行为学的思考（人以类分）

人机工程学在室内环境设计中的运用，主要是用来帮助设计成果更好适应人的使用习性、使用效率、不同人体的尺度和身心的需要（图23—25）。

各类室内环境的使用者不同，比如住宅空间中的使用者可能是老人、儿童、残障人士等，公共空间的使用者则更加复杂多样——性别不同、体型不同、身份不同、习惯不同。如果要求设计成果能够让各类使用者在使用过程中感到舒适，则设计时就必须在"人机工程学"的指导下，对空间的尺度、家具的配置、与人接触的细节设计、各类便利设施等进行精心配置，同时还要预设使用者的某种行为过程，以便为其在空间里活动留下合适范围。

考虑到人在室内空间中的活动也是有迹可循的，无外乎站、坐、躺，以及自由活动。因此，"人机工程学"为人的这些活动姿势设置了标准参考（图

❷ 良好的人机工程设计某种程度上体现了人文关怀。如地铁里的拉手被设计成长短不一的形式，以充分满足不同身高乘客的需求。

❷ 在男性洗手间设置不同高度的小便池，除满足成人的标准高度外，还设置了照顾儿童身高的低矮池，充分体现了关怀不同使用者的设计理念。

❷ 为保护儿童设计的护墙软包以及符合儿童使用尺度的楼梯扶手，楼梯台阶处设置的复合材料的防滑条，光楼梯一处的设计就充分体现了设计者严格考虑人机工程的设计初衷。

023

Chapter 1 室内设计专业入门　室内设计的工作程序与设计思考　Chapter 2 室内设计中的空间与界面　Chapter 3 室内设计中的色彩　Chapter 4 室内照明艺术　Chapter 5 室内家具与软装陈设　Chapter 6 室内装饰材料运用　Chapter 7 室内设计制图规范与表现方法　Chapter 8

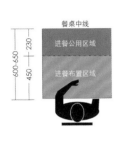 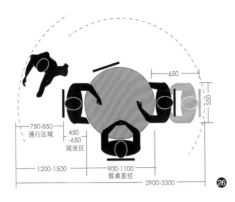 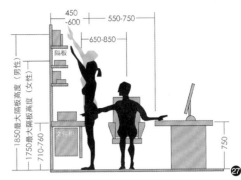

❷❻ 合适尺度的单人桌（左）和小型圆桌（右）进餐布置图。

❷❼ 合适尺度的办公室与橱柜布置图。

26、27），充分考虑活动过程中动作的范围极限，为人的各种动作留下"作业"空间。无论在设计之初还是设计审验过程中，"人机工程学"中的知识能帮助设计师在室内环境的创作中更好地提高作品的质量，优化"使用"功能，为我们带来更便捷、舒适的设计。

3. 环境与心理需求（人与环境）

有一些环境设计作品的功能已经达到非常完善的地步，但是走进环境中的使用者，仍然没有心情舒畅的感受，可能就是由于设计没有很好地考虑到使用者的心理需求。

"人机工程学"的研究成果只能满足人的活动和使用需求，而人在心理层面的需求，也是需要得到满足的，比如私密感受、安全感受、人的好奇心和从众心等等。在设计室内环境时，除了使用功能以外，心理需求也需要被着重地考虑（图 28、29）。

当然，有的设计师会说人的心理各有不同，但是一些共性的心理与环境的要求还是有迹可循的。比如在办公室的座位安排上（图 30），中国人常说的"办公室风水"：要有靠山，要求明窗。其实从心理学的分析来看，所谓"靠山"就是座位以背靠墙壁为好，如果背面靠走廊或者大门，那么出入的行人容易惊吓和影响办公人员，同时办公室电脑屏幕也容易暴露工作隐私，而"背靠"则可以很好地保护办公人员的隐私及其在心理安全上的需求。而"明窗"，则提供良好的采光环境，满足了人的好奇心和便于发挥想象力，同时也有利于办公人员转换心情。如果在一个封闭或者密闭的空间中，很难想象办公过程可以长时间地进行下去。

室内环境心理学的内容多来源于生活常识，有很多经验和知识能提供给设计者作为参考。一件满足使用功能的作品，如果在使用者心理需求上有欠缺，最终很难真正成为一个完美的设计。所以在设计之初，设计师不得不仔细斟酌环境与心理的关系。

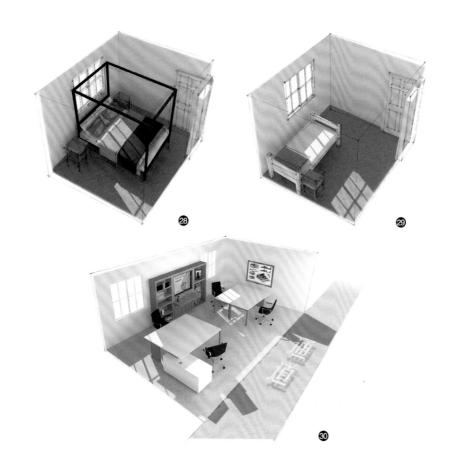

❷❽

❷❾

❸⓿

❷❽ 普通西式卧室布置床位的习惯：背靠窗洞或床位在空间中居中，满足西方文化"人为中心"的心理习性。（插图：陆唯）

❷❾ 中式床位在卧室空间的位置：较少居中、习惯靠墙、讲究门窗与床的方位的关系，满足人与环境相处有恰的习性。（插图：陆唯）

❸⓿ 办公室中的座位方位，其实隐含了环境与用户心理的互动，涉及安全感、舒适感、信息暗示等心理反应。（插图：陆唯）

4. 艺术性与审美的要求（对美的追求）

无论室内设计专业，还是概念更宽泛的环境艺术专业，都是设立在艺术学科背景之下的专业学科内容。所以室内设计师在构思作品的时候就必须处处考虑有关艺术性和审美的问题。虽然都是有关"美"的讨论，但是，设计师应该分开对待"艺术"和"审美"这两个概念。

"艺术性"的问题是相对容易把控的，因为作品中的艺术感觉是客观存在的，同时，也是有规律可循的。考察作品的形态、材料、色彩、空间，以及任何与形式相关的要素，设计师在这些要素的编排上能够做到视觉上的对比与统一，合适地处理例如整体与局部的关系、韵律与节奏的关系、符合比例法则的关系等，就能够将作品调整到各种的"艺术感受"和视觉样态。然而，审美的问题往往显得难以掌握。审美在个体之间的认识差别巨大，它可以跨越时代，跨越种族，跨越时间，跨越任何作为人之间的认知差异（图31—35）。

在具体执行中，审美的分歧经常会暴露在方案交流的过程中，当讨论涉及"美"的问题时，业主与设计师往往会产生各种认知偏差和争论。

由于设计作品最终需要业主来进行评判和定稿，这其中就会牵涉到业主的审美能力的问题。设计成果如果达不到业主认为的"美"的要求，业主是绝

025

室内设计专业入门 Chapter 1　室内设计的工作程序与设计思考 Chapter 2　室内设计中的空间与界面 Chapter 3　室内设计中的色彩 Chapter 4　室内照明艺术 Chapter 5　室内家具与软装陈设 Chapter 6　室内装饰材料运用 Chapter 7　室内设计制图规范与表现方法 Chapter 8

31 32 针对儿童的设计，无论家具还是道具，都可通过可爱的造型和跳跃的色彩来争取儿童群体的审美认可。

33 34 法国凡尔赛宫以及苏州的园林廊道，反映出不同民族和不同文化间审美追求的巨大差异。

35 由贝聿铭设计的卢浮宫前的金字塔建筑，曾经由于审美问题上的巨大差异引起了法国社会各界与世界建筑界的争论。

不会买单的。所以在室内设计中讨论有关审美的问题，需要从两个角度来进行考虑：一个是业主角度——设计服务的对象，一个是设计师本身——设计主体。

首先，就审美而言，主要是针对人的个体问题。世界上有多少个人存在，就可能有多少种审美标准。根据不同的人的年龄、性别、个性、文化背景等，关于其审美个性的探讨，可以说是极其丰富甚至无穷无尽。但是，完整的室内设计作品经历了设计师从提出概念，慢慢建构起方案，直到建造出现实建筑这一过程。如果说作品的成果仅仅是体现了业主的审美需求和意志是不客观的，因为在设计过程中，设计的主体是设计师，客体是作品，虽然服务对象是业主，但是业主不太可能参与有关作品的深度思考和概念成型。所以，在作品的成型过程中，设计师的意志和想法必定会起到主要影响，甚至作品最终是设计师审美经验的影射以及审美标准的写照。因此，关于作品"美"的问题，只有设计师敞开胸怀，与业主充分沟通，方能达成一致。

当然，设计师是受过多年专业艺术和美术教育的从业者，在审美上的能力理应是高于业主的。在沟通过程中，设计师应该做到有礼有节，对方案有所坚持的时候，可以引导和说服业主。当业主确实有特殊需求的时候，也需要尊重业主的意见。作品的最终"审美"目标应该是互相协商的结果，这样也更有利于项目的实施。当然，有经验的设计师可以在方案设计之前，主动对业主的审美范围进行一次"摸排"和"描绘"，对业主的审美需求进行判断取舍，这样的前期准备也更有利于设计师的创意得以合理发挥。

小贴士

伟大的华人建筑师

普利茨克奖是号称"建筑界奥斯卡"的奖项。从 1979 年第 1 届开始，一共有两位华人获得过该奖项，一位是贝聿铭（1983 年，第 5 届），另一位是王澍（2012 年，第 34 届）。两位建筑大师的作品影响深远，其形式和理念被建筑界和建筑设计相关专业的华人设计师奉为经典，同时也催生出大量借鉴其造型、材料、形态感受的优秀作品。

课堂思考

1. 简述室内设计的程序与步骤。
2. 简述室内设计程序中每个阶段的工作内容。
3. 简述影响设计师构思的几个因素。
4. 思考除了文中提到的几个因素外，还有哪些因素会影响到设计师的构思过程？

Chapter 3
室内设计中的空间与界面

- -

充分掌握室内空间的知识，对构成空间的类型、特性、组合与划分等有深刻理解。

🔎 **学习重点**

- -

1. 掌握室内空间的形式和特性。
2. 了解室内空间的界面。

一、室内空间的简述

1. 室内空间设计概述

　　空间是世界存在的一种方式，一种维度，世间所有无不存在于空间之中。人们对空间进行限定和围合的同时，就产生了空间艺术作品，比如说建筑。室内空间是伴随着建筑的形成而产生的。在建筑创作中，设计师笔下的隔断、楼板、地坪对空间进行了分割和塑造，同时也对室内和室外空间进行了区隔。不同的空间会给人不同的感受：或是狭小，或是宽敞，或是尺度巨大并具有纪念意义，又或是非常精致紧凑，给人以温馨安全的感受。

　　室内空间虽然来源于原有建筑空间，但是室内空间的使用者，往往对原有的建筑空间不满足，或存在新的使用需求。所以，室内空间设计的目的，就是要去调节这种原有建筑空间和新需求之间的矛盾。

　　在解决空间使用矛盾的过程中，室内设计师可以通过各种手段，来调整原有空间的"缺憾"。例如，宽大的空间给人以自由广阔的感受，但是无所限制也会使得使用者感觉到私密性、安全性的缺失。这时，室内设计师可以对原有建筑大空间进行区块划分和隔断改造，以缩小尺度。例如大尺度的家具或

㊱ ㊲ 盖里设计的迪士尼中心与高迪的米拉公寓，强烈的建筑师个人风格被贯彻始终，室内空间与建筑造型共同形成了独树一帜的视觉形态。此处室内的空间无须更多"添设"，设计师更多的精力应该放在空间之外的地方。

有层次的摆设可以将空间的连续性打断，墙面和顶面的色彩与各种装饰也可以改善空间尺度过大的情况，以及减轻空洞感。反之，使用者如果感觉空间过于狭小，室内设计师可以通过家具的归类合并，空间功能设置的穿插重叠等手段，来增加空间的使用效率，从而使狭小的空间得以最大化利用。在实际项目中，能影响使用者对空间判断的要素有很多，除了客观的物理空间尺度，照明、温度、色彩甚至气味都可能改变室内空间给人的印象和感受。

室内空间设计是典型的"先天性限制"的工作。在某些项目中，建筑师已将室内空间的基本格调确定下来（图36、37），室内设计师能够发挥的余地少之又少。但是即便如此，室内设计师通过一系列的创作，再次挖掘和满足使用者的需求，改善原有建筑空间的"缺憾"，或者提升其"优势"，至此，室内空间设计的意义才算真正达到。当然，室内空间的创作过程繁复且精细，需要全面分析以及理解使用者行为特点、心理需求、审美爱好。最终，具有合适尺度，使用方便，同时具有审美特性的室内空间作品才能被创造出来。

2. 室内空间的类型

室内空间的类型，主要是指通过空间中三个面（天、地、墙）的围合而得到最基本的空间状态的分类。在这里，从空间物理特性来分析，空间可以分为三种类型，即开放性空间、封闭性空间，以及流动性空间。

由这三种类型组合穿插而成的室内空间可以是丰富多样的，也可以是简洁明确的，还可以是暧昧含糊的。室内设计过程中，三种类型的空间可以借由设计师笔下灵活的创作表现出万千种形态，同时，当各种形态的空间互相发生关系时，又会得到无数种组合形态。当然，室内设计的空间无论怎样变化，始终受到原有建筑空间的限定，但是这种限定也不影响室内设计师对"空间"的创作，室内设计师运用各种隔断、家具（道具）、装饰物、照明布置空间，其实是一个乐趣无穷的事情。

开放性空间：

开放性空间是针对封闭性空间而言的空间类型。在室内设计中，有许多手法可以用来界定开放性空间。比如，运用墙体间的隔断、顶部、地面造型或标高变化、家具的围合摆放、照明的分区设置等，都可以对空间进行界定。当室内空间被界定后，空间具有了区域性，并且界定后的空间还被允许与该区域内外的空间产生自由互动，人在区域内外的活动不会受到阻碍和影响，这样的空间则被认为是具有开放性特性的空间。空间的开放性导致其与周围空间是可以相互渗透、相互流动的。空间的开放性也提供了人群用来社交和自由活动的条件。另外，空间的开放性与人进入该空间是否受到阻碍没有必然联系。比如一个玻璃隔断围合而成的限制出入口的区域，却由于视听穿透玻璃的完整度非常高，从而也被认为具有非常高的开放性（图38）。当然，随着区域内外可交流的

❸❽ 就餐区的隔断虽然将空间进行了划分，使人流受阻，但是透空的钢条并不影响人视听的流动，空间呈现出非常高的开放特性。

❸❾ 在商场大堂中常见的休息区，游人来去自由，内外交流通畅，即使空间被明确划分里外，但仍旧是开放性非常高的空间。

❹⓿ 眼镜商户中的验光区，独特的设计形成了私密的空间，同时也较好地保证了开放度；在保证客户验光行为所需的独立空间的同时，也可以对其过程进行专业的展示。

程度逐渐降低，视听穿透的阻碍越来越大，空间会越来越倾向于封闭。

　　空间印象上，由于空间的开放性使人在空间里的视线移动基本不受阻碍，所以开放空间往往给人感觉是宽敞明亮、视野开阔、空间通透的。开放性空间常见于住宅设计中的厅堂、阳台或景观空间等区域设置，在公共空间中，大堂门厅、开放式办公会议场所、公共休息区（图39、40）、室内造景区等经常被设置为开放性空间。

　　封闭性空间：

　　特性与开放性空间截然相反的空间，即是封闭性空间。封闭性空间经常利用明确的围合实体进行构筑。封闭性空间随着空间尺度逐步减小，会逐渐增加使用者的安全感和隐私感受。在普通的室内空间里，绝对封闭的空间并不多见（监狱或陵墓等特殊建筑空间除外）。我们常见的封闭性空间，一般都会留有门洞以及窗洞的设置，作为出入口。封闭性空间一般具有明显的阻隔

031

Chapter 1 室内设计专业入门　Chapter 2 室内设计的工作程序与设计思考　Chapter 3 室内设计中的空间与界面　Chapter 4 室内设计中的色彩　Chapter 5 室内照明艺术　Chapter 6 室内家具与软装陈设　Chapter 7 室内装饰材料运用　Chapter 8 室内设计制图规范与表现方法

❹❶❹❷ 典型住宅中的开窗大小合适，四面良好的围墙将室内外进行了区隔，空间呈现出很好的封闭性形态，安全且私密程度较高。

❹❸ 非典型住宅的设计，框架结构与洁白的色调很好地映衬了假日休闲气氛。为了方便观景，空间围合设置得通透且具有流动性，能让视野最大程度延伸到室外景观。与图41、42的空间对比，此处呈现出非常大的开放性。

特性，空间的隔断使得内外关系区分明确（图41—43），同时封闭性空间设置的开口一般易于关闭，方便满足隔绝内外空间的使用需要。

封闭性空间给人的感受是安静、停滞和静止不变的。当然，随着围合尺度的变化，空间封闭的程度也会有所不同，使用者对空间的感受会随着形态变化而产生变化，根据人视觉开放程度的不同，封闭性空间也可以逐渐过渡到开放性空间（图44），同时人的压迫感受、心理压力会随着空间的开放而得以释放。

开放性空间容易使人产生积极、扩张、开朗的感觉，封闭性空间给人的感受更多是消极、收敛和平静的。在设计某些室内公共场所、展览厅、娱乐场时，设计师有意识地处理封闭性空间与开放性空间的关系，使其穿插、流动、包含、组合等，使得空间变化丰富，动静皆宜。开放性与封闭性是空间类型的两个极端，两者只要得到灵活运用、巧妙设计，就能给空间作品带来乐趣横生、丰富多彩的戏剧观感。

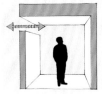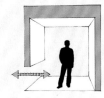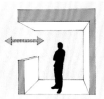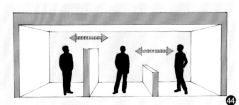

❹❹ 随着左边隔断高低的变化，空间逐步从封闭性走向开放性，同时人的视觉延伸越加开阔。（插图：陆唯）

流动性空间：

流动性空间是对应静态性空间而言的一种空间类型。在室内空间中，无论是开放性空间还是封闭性空间，如果人在这两种类型的空间中是停留使用的，我们就认定该空间类型是相对静止的、不变的。但在某些室内设计项目中，如展览中的某展区，公共空间中的过渡区域（图45、46），或是承担导向性功能需要的空间等，这些地方都可能出现人流活动和停留同时存在的情况，而这一种类型的区域有时被设计得介于开放和封闭之间，所以被我们称为流动性空间。

在设计流动性空间的时候，空间里的某些界面可能会借用周围相邻空间中的元素进行提示性的设计。如运用相呼应的材质进行延伸，运用相同造型的装饰面进行对应等。另外，流动性空间由于和周围空间相互渗透、相互咬合，所以一般会给观众留下活泼、自由、伸展的感受。在展示设计中，流动性空间甚至还带有时间和空间相互融合的特征。

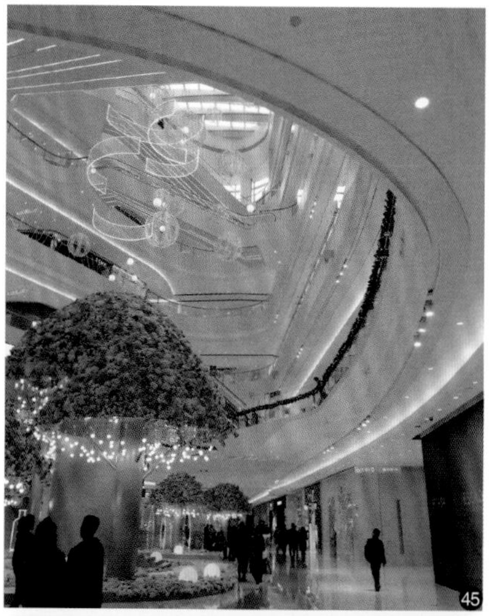
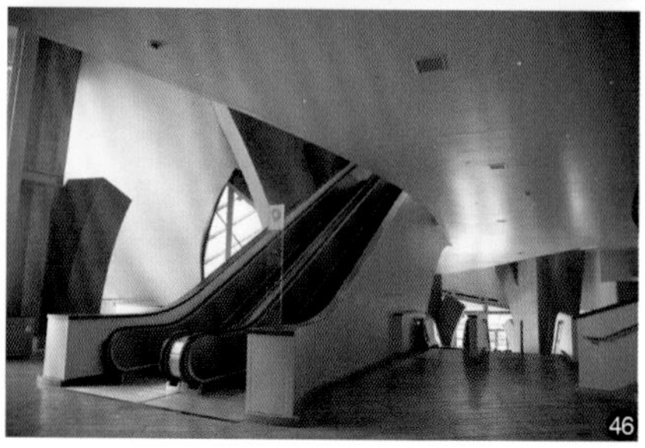

㊺㊻ 公共空间的交通交叉处，展厅以及大堂，常常是设置流动性空间的区域。

3. 空间的特性

室内空间的形态特征在很大程度上取决于原建筑的空间形态。在室内空间的设计阶段，空间虽然可以改造、优化，但是原建筑的空间状态和表情，通常已经在很大程度上决定了其“调性”特征和可改造的范围。

室内设计师在接到项目后，要对原建筑空间特征有一个感性的认知。空间特征除了前文提到的开放与封闭的特性以外，还存在非常多的空间“表情”。比如空间的表情具有稳定、动感、自由、开阔、亲密、冷峻、高雅、明亮等特点。不同的空间形态、组合、尺度、序列、围合方式，能让人感受到各种各样的“表情”特征（图47—51）。

在实际项目里，室内设计师要学会感知各种空间特性。在开发空间创意的阶段，能够发挥空间特点，强化原空间中的优势，产生更强烈的感官感受。

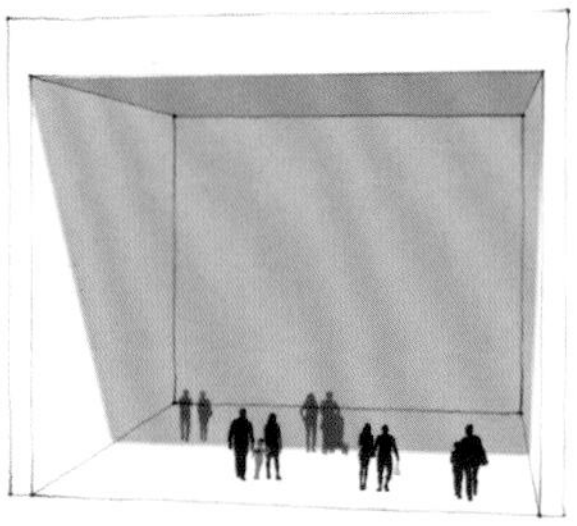
㊼

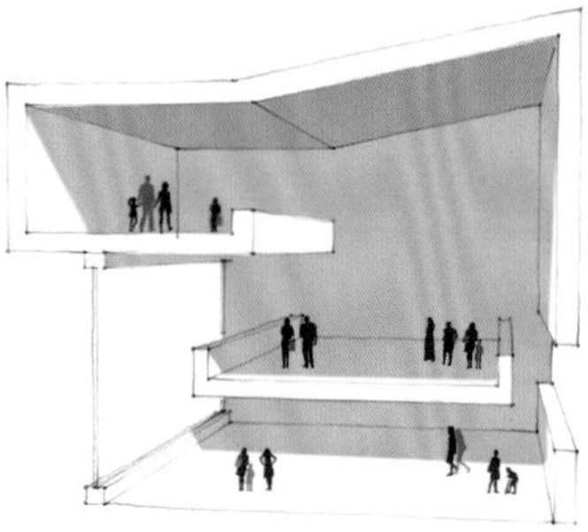
㊽

㊼㊽ 图47空间呈现出静态的感觉，图48空间则呈现出动态的感觉。（插图：陆唯）

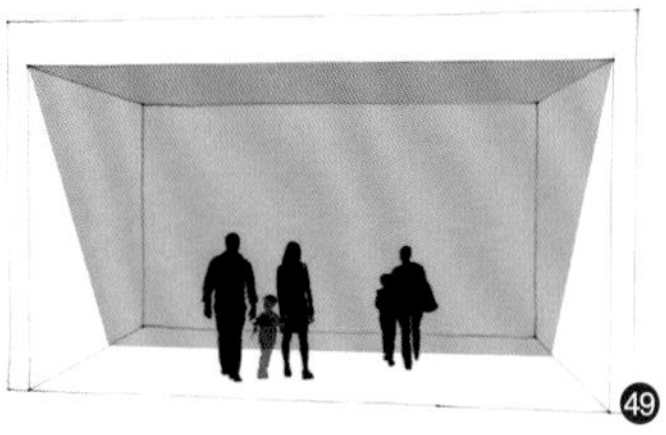
㊾

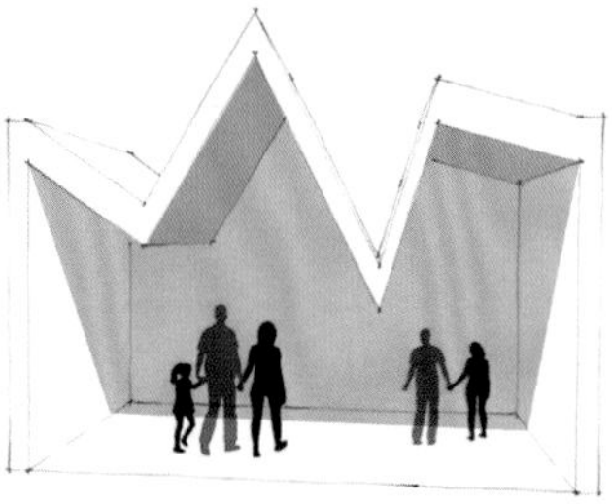
㊿

㊾㊿ 图 49 空间给人常规且稳定的感受，图 50 则给人以自由跳跃的感受。（插图：陆唯）

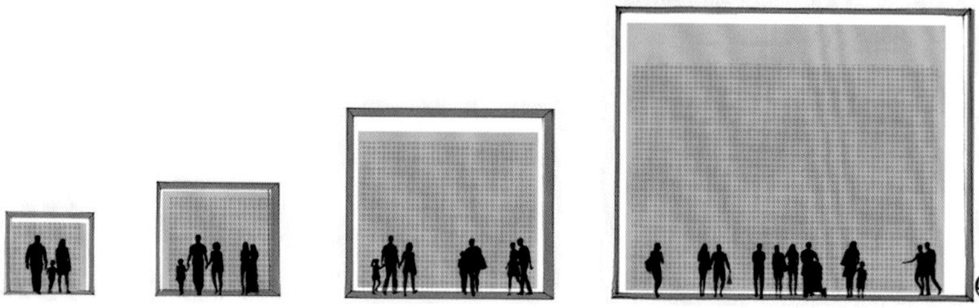
(51)

(51) 图51由于空间的尺度不断变大，空间给人的感受发生了重大的变化：由亲密、常规、严肃冷峻，逐步发展至开阔。（插图：陆唯）

033

Chapter 1 室内设计专业入门　室内设计的工作程序与设计思考　室内设计中的空间与界面

Chapter 2

Chapter 3 室内设计中的色彩

Chapter 4 室内照明艺术

Chapter 5 室内家具与软装陈设

Chapter 6 室内装饰材料运用

Chapter 7 室内设计制图规范与表现方法

Chapter 8

同时，设计师也需要根据室内功能来弱化原建筑中不恰当的空间特性，让使用者在具有"合理"特性的空间中享受到舒适、安心的使用过程。

二、室内空间的组合与划分

1. 空间的界定

　　界定空间的工作，往往是室内设计中需要设计师反复推敲斟酌的问题。在空间界定的方法上，设计师可以通过各种建造元素进行空间的划分和界定，如果将建筑元素简化成顶面、地面、墙面、梁柱等关系，可以从下图（图52）中的各种造型元素组合中，得到非常丰富的空间样式。同时，这些空间的状态，或是开放性的，或是封闭性的，或是兼具两者，又或者具有丰富的流动特性。

　　在界定空间的过程中，设计师特别要注意的是被划分后的空间是具有特性的，如亲密、冷峻、自由、隐秘等不同特点。空间的划分和界定除了功能驱使外，也需要设计师特别关注划分后得到的空间的特性，以及空间带给使用者的身心感受。

　　在实际项目里，界定和划分空间的手法可以简单明确，也可以精巧复杂。通常优秀的空间作品会满足使用者所需，同时也能留下伏笔，给身在其中的使用者带来生机和乐趣。

❺❷ 在界定空间的方法上，各种建筑元素可以用来进行空间的划分。图中通过柱、梁、楼板等简单示范如何界定空间。在实际项目中，设计师可以举一反三，灵活运用。（插图：陆唯）

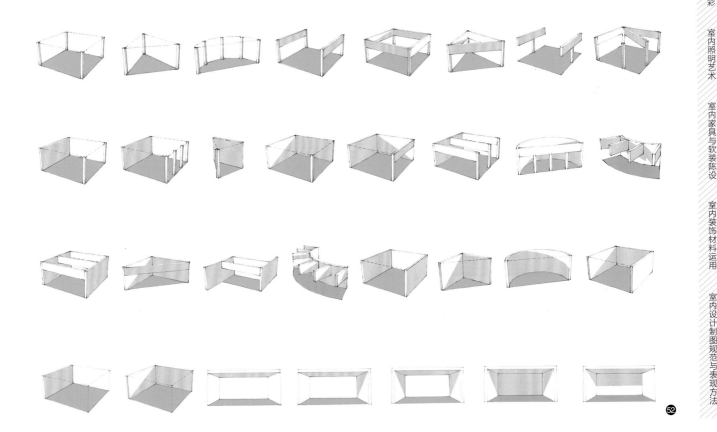

2. 室内空间的划分方式

在室内设计中,用于划分空间的"构筑物"是非常丰富的,从明确用于阻隔空间的屏风、隔断,到通过比较巧妙的方法,如利用天花板的标高、形态,都可以对室内空间进行划分。举个简单例子,在客厅中铺设一张地毯,就可以有效地对客厅进行空间的划分和界定。虽然这个被地毯界定后得到的空间是完全开放式的,通透无阻的,但是在给人的空间感受中,空间的分割已经悄悄地形成。同理,铺设不同材质的地坪材料也能形成明显的区域划分,家具的摆设和阻隔也可以形成空间的划分等。

在室内设计中,划分空间的方式大致可以分为以下几种:

(1)通过顶面元素(图53)的划分,如通过顶棚造型、材质、标高、照明等进行空间划分。

❺❸

(2)通过墙面元素(图54)的划分,如通过实墙、隔断、屏风家具、布帘等进行有效的空间划分。

❺❹

(3)通过地坪面元素(图55)的划分,如通过如家具、地坪材料、铺地织物,甚至绿化摆设等进行不同特性的空间的划分。

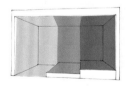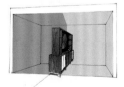
❺❺

❺❸ 左图:天花板不同标高产生的空间划分。中图:天花板不同的造型形成的空间划分。右图:由照明产生的空间的划分。(插图:陆唯)

❺❹ 左图:通过实墙建立起的空间划分,呈现出封闭性质。中左图:由玻璃隔断产生的空间划分,人的视觉得以穿透空间,呈现出一定的开放性。中右图:通过悬挂物体进行空间划分。右图:通过墙面色彩变化进行空间划分。(插图:陆唯)

❺❺ 左图:通过地面标高变化建立起的空间划分。中图:由落地家具产生的空间划分。右图:通过地面材料变化得到的空间划分。(插图:陆唯)

三、室内的界面构成

室内空间是由顶面、地面和墙面隔断共同建构而成的,有各种不同的形态,人们也就对空间产生了各种不同的印象。顶面、地面和墙面隔断也是室内空间的界面。在室内空间设计中,所有工作都在各个有限的界面中展开,而每个界面也承担着不同的使用功能。界面上丰富的形态、材质、结构、色彩、装饰等共同组成了完整的室内空间。

1. 空间中的地面

室内空间中的地面是界面设计中最根本和最重要的要素。地面设置的边界也是人在室内空间中活动和使用的边界。在室内空间中,顶面和墙面隔断虽然是构成完整空间的必要要素,但是人在空间里去触碰顶面或墙面的概率是有限的,而人的活动主要展开和接触的界面就是地面,所以在设计地面的过程中,区域的分割、材质的使用和形态的设计都应当考虑到人的使用需求是否得到满足。

地面和形态:

在地上铺上一张小毯子,一个空间即被限定了(图56)。地面是空间里最明显的能对空间进行限定的界面,其形态直接影响人对空间范围的感受。在实际项目中,用地面来限定空间界面的方法有铺设不同材料(图57)、标高抬升或沉降(图58)等。设计师通过这些方法得到的形态有曲有直,或是方正或是圆润,又或不规则。不同的形态特征,形成了不同的空间特点。

地面和材料:

地面是主要承担人在空间中活动的界面,人的移动、坐卧、家具的摆放,都切实和地面发生接触。所以在地面的设置过程中,材料是需要重点考虑的内容。材料除了各种视觉特征,其是否耐磨耐用(图59)、是否方便保养、是否满足特殊环境的需要(如防水、防虫、防滑)等,都需要设计师考虑周全。地面使用合理的材料,会给业主在使用上带来便利,在经济上带来巨大的收益。

❺❻ 铺设地毯是划分空间最直接、简单的方式,在商店的空间划分中,一方小毯就可以将展示区和活动区进行区分。

❺❼ 地面材料的变化能明显将空间进行划分,材料变化是很有效的用来界定空间的手段。

Chapter 1 室内设计专业入门

Chapter 2 室内设计的工作程序与设计思考

Chapter 3 室内设计中的空间与界面

Chapter 4 室内设计中的色彩

Chapter 5 室内照明艺术

Chapter 6 室内家具与软装陈设

Chapter 7 室内装饰材料运用

Chapter 8 室内设计制图规范与表现方法

2. 空间中的顶面

在室内设计中,顶面与地面一起构成了人对空间纵向尺度的基本感受。顶面不同于地面,通常不会被使用者触碰,所以在设计顶面造型和材料选用的过程中,选择的范围非常宽广。另外,由于顶面需要承担室内空间中大量设备的布置,如通风系统、消防系统、照明系统、给排水管道等,所以顶面的设计也会有所限制,合理隐藏或巧妙地通过造型把设备与装饰面结合,也是顶面设计中可能要面对的问题。在实际项目中,室内的顶面可能并不和地面造型对称,利用顶面的不同造型形成开放性的空间,也是顶面所具备的独特功能。

顶面和形态:

顶面的形态在设计中可以是非常简洁的,也可以是非常复杂的。通常地面和墙面的造型会影响物理空间的实际使用,而顶面的造型则会对人的心理层面产生影响。顶面也常常被用来对空间进行限定,在没有墙面围合的情况下,通过顶部标高的变化、形态的分割(图60、61)、颜色或材质的变化(图62、63),甚至照明(图64)的控制,都可以对空间进行塑造。通过顶面来限定的空间大多是具有开放特性的,空间感通透同时富于变化。

顶面和材料:

顶面的装饰材料需要考虑的是安全并且便于维护,目前顶面设计基本通过造型各异的吊顶装饰来完成,吊顶的材料可供选择的范围非常丰富,市场上有很多木结构与涂料结合、钢结构与木板结合、吊筋与铝板集成的吊顶等。近年来,许多工作室或创意公司也经常采用裸顶结构加上整体喷黑来进行装饰,以表现工业技术美。

58 抬起造型能很有效地划分空间,别具一格的设计也能形成视觉吸引,呼应书店主题。

59 入口处是通过不同材质划分空间的精心设置。考虑到使用功能需要,乍一看是木地板、实际是仿地板砖的材料,便于保养和维护。

037

Chapter 1 室内设计专业入门　Chapter 2 室内设计的工作程序与设计思考　Chapter 3 室内设计中的空间与界面　Chapter 4 室内设计中的色彩　Chapter 5 室内照明艺术　Chapter 6 室内家具与软装陈设　Chapter 7 室内装饰材料运用　Chapter 8 室内设计制图规范与表现方法

❻❿❻❶ 通过顶部造型变化得到的空间区域，不同于地面更具强迫性的空间划定，其划分空间的方式较为柔和。

❻❷❻❸ 通过吊顶材料和色彩来区分空间。

❻❹ 通过重点照明对区域进行划分，同时吊顶的多边形造型和展台的造型相呼应，更使展台对空间形成了明确的分割。

3. 空间中的墙体与隔断

　　墙体与隔断设置是室内设计中划分空间最有效的手段。通过墙体隔开的空间，空间之间的连续性被明确地打断，墙体或隔断即使使用的是玻璃材料，在视觉上也保持了开放性的特点，但是其实质上还是封闭性空间，空间独立性的感觉会非常强烈。在各种常规项目中，墙体的设计通常具有功能性和美观性并重的特点。在功能性上，根据室内空间的使用需求，墙体建造可能要满足隔声、隔温的需要，如音乐厅、工作室、影院等，墙体的设置甚至还要考虑吸收或反射声学的特性。在视觉特性上，由于墙体是空间中占据人主要视觉接受范围的界面，所以墙体的材料、色彩、形态等会极大地影响人对室内装饰风格和室内空间特征的印象。

　　墙体和隔断的形态：

　　在空间设计中，墙体与隔断通过各种造型、各种尺度来对空间进行有效的分割。在分割的方式上，墙体或者隔断可以被设计得相当灵活，同时满足空间变化的需求。墙体与隔断一般在室内设计中的具体形式表现为：墙壁（图65）、立柱、门窗、各种推拉门、各类屏风（图66），甚至家具和任何能有效分割空间的室内构建（图67）等。在室内设计中，空间和隔断（图68、69）也是设计师用来塑造室内风格的重要的依托，每个时代对于墙体和隔断的装饰形态都有不同的表现，随着现代设计的多元化，墙体与隔断的装饰也更加丰富。

　　墙体和隔断的材料：

　　墙体的构建材料随着时代发展变得丰富无比。现代室内设计经常会有由

砖、木、砖木混合、轻钢龙骨、玻璃、金属等各种材料搭建的承重与非承重墙体。墙体装饰面更是丰富无比，常见的包括涂料涂刷、饰面糊裱、石材装饰、人造板材、金属装饰板等，数不胜数。在选择墙体和隔断的材料时，设计师需要综合考虑视觉风格、造价、安装维护等建造和使用上的问题。

⑥ 具有中国特色的墙体装饰，与餐厅主题相呼应。

⑥ 独具特色的屏风隔断，以中国传统建筑构件进行再创作的装饰设计，给予商业主题很好的诠释。

⑥ 以钢架作为隔断的材料，新颖且精巧，既进行有效的空间划分，同时通透的视觉效果避免了小空间再次被切碎的缺点，让空间显得整体且开放。

⑥⑥ 材料与形式都具有东方色彩的隔断。

🔍 课堂思考

1. 请思考在室内空间塑造上，是否还有更多划定空间的方式。
2. 简述建筑空间与室内空间之间的关系。
3. 列举你所见到过的具有特色的室内空间。

Chapter 4

室内设计中的色彩

通过色彩基础理论的学习,了解色彩的基本属性和常用整合方式,培养在室内设计中的色彩应用能力。

🔍 **学习重点**

1. 了解色彩的基本属性。
2. 了解三种间色、三种原色和非彩系色彩的特性。
3. 学习室内色彩设计的常用整合方式。
4. 学习室内设计配色实例。

一、室内设计中色彩的属性

在室内设计的领域中,色彩学是一门重要的学科,有其特有的理论研究和设计规律。但色彩学又不是一门完全独立的学科,它是一门和灯光、材料质感、心理学等息息相关的交叉学科。常有人会问:"什么样的颜色显得高级?"也许美术学院的学生会说,偏灰一点的颜色比较高级。那何为偏灰的颜色?偏灰一些的颜色又是如何产生的?在室内空间中如何进行色彩处理,会让配色显得更和谐?

在学习过色彩理论后,我们会发现:色彩本身并无高下之分,而在空间中呈现出和谐或者"高级"的效果,需要色彩搭配、肌理和灯光共同发挥作用。

色彩学中,有明确的术语来界定色彩属性之间的区别,以达到区分和研究各种色彩的目的。色彩有三种基本属性:色相、明度和纯度。通过设计软件,我们可以用明确的参数将这三种属性进行量化。除了介绍三种基本属性之外,本章节还会解释我们常听到的"亮度"一词。

1. 色相

在色彩感知的过程中，人们最先感受到的色彩属性就是色相。如果身处一个以纯木装修为主的空间中，我们有意将木纹的肌理和装饰形态进行弱化，那给人以最强烈感觉的就是它的色相——土黄色系（图70、71）。因此，色相有时被定义为色彩的最基本属性。室内空间中呈现出来的无数色相，都可以根据二维色环上的三个原色（红色、黄色、蓝色）和三个间色（橙色、绿色和紫色），用色彩术语来对其进行定位和描述（图72、73）。

70 杭州良渚文化村美丽洲教堂

71 根据美丽洲教堂照片提炼出的土黄色色相。（插图：王选）

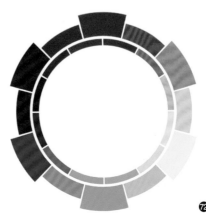

72 色环（插图：王选）

73 冷暖色环（插图：王选）

041

Chapter 1 室内设计专业入门　Chapter 2 室内设计的工作程序与设计思考　Chapter 3 室内设计中的空间与界面　Chapter 4 室内设计中的色彩　Chapter 5 室内照明艺术　Chapter 6 室内家具与软装陈设　Chapter 7 室内装饰材料运用　Chapter 8 室内设计制图规范与表现方法

2. 明度

　　明度是用于描述色彩明暗程度的术语, 当同一色相的明暗程度不同, 它们就有了两种不同的明度, 进而呈现出两种色彩。如果在某种颜色中加入黑色和白色, 其明度会发生变化。如果在红色中加入白色, 得到了红色的浅色——粉红色的明度就会比红色要高; 如果在红色中加入黑色, 得到了红色的暗色——栗色的明度就会比红色要低。有时不同色相的颜色之间的明度差异也较为明显, 如三原色中黄色的明度本身就比红色要高(图74)。

　　一般而言, 室内空间的主色的明度越高, 空间的视觉扩张力也就越大, 人的心理状态也会较放松; 主色的明度越低, 在空间视觉上有直接的收缩作用, 也容易让人感觉紧张和压抑(图75、76)。

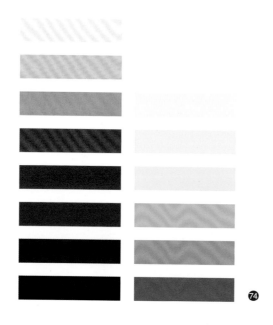

❼❹

❼❺　　　　　　　　　　　　　　❼❻

❼❹ 红黄两色不同的明度变化及其本身明度的差异(插图: 王选)

❼❺ 纽约第一大道685号住宅大楼——Richard Meier & Partners(图片来源: www.archdaily.com)

❼❻ 柏林犹太博物馆——Daniel Libeskind

3. 纯度

色彩的纯度，又通常被称为色彩的饱和度，具体指该色彩中所含色相的比例，或所含色相的饱和程度。色彩饱和度越高，则纯度越高。调整色彩的饱和度，也就是指改变色彩的纯度水平。在绘画中，我们为了降低一种颜色的纯度，使之变灰，通常会加入与其明度相同的补色或灰色（图77、78）。

在室内空间的色彩设计中，纯度越高的色彩，在室内空间中带来的视觉上的感官刺激性也就越强。因此设计师通常选用中纯度或低纯度的色彩作为主色，只在一些需要醒目提醒的位置上，如特殊的导向标识或软装布置，使用高纯度的色彩来进行点缀，作为整体设计的色彩补充（图79）。

⑦ 高纯度的色彩更为醒目。（插图：王选）
⑧ 横贯圆心两端的色彩为补色。（插图：王选）

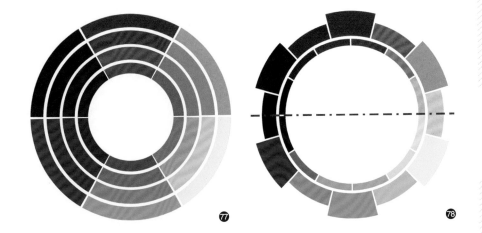

⑲ 湄洲湾职业技术学院图书馆，软装使用了高纯度的色彩。（齐晓韵设计）

043

Chapter 1 室内设计专业入门

Chapter 2 室内设计的工作程序与设计思考

Chapter 3 室内设计中的空间与界面

Chapter 4 室内设计中的色彩

Chapter 3 室内照明艺术

室内家具与软装陈设

室内装饰材料运用

室内设计制图规范与表现方法

4. 亮度

　　"亮度"这个词较为生活化，在色彩学专业中鲜有被提及，因为从色彩学的角度，色相、明度和纯度这三种属性，已经能将每种色彩都精确量化。但我们在实际的室内设计的过程中，"亮度"仍是被项目的委托方提及最多的词。我们常能接到的指令是："这个空间再亮一些。"那这个"亮"，又是何种含义呢？

　　亮度的高低与色彩中的两个因素有关：明度和纯度。增加明度或纯度，都会使色彩更明亮、更鲜明（图80、81）。

　　亮度和光线、材料的肌理有直接的关联：当光线或灯光增加时，色彩表面的亮度随之升高；当光线变暗时，色彩表面的亮度也会降低。但当色彩为白色时，以右图（图82）现场涂刷的抗菌釉面漆色板为例，左边为肌理质感，右侧为光面质感，光面质感虽然比肌理面质感显得更亮，但受环境色影响也越多，会折射出更多环境的色彩。

⑧⓪ ⑧① 杭州祥符中心幼儿园，右图的明度和纯度被同时提高，得到了更明快的设计效果。（彭璐阳设计）

⑧② 现场涂刷抗菌釉面漆色板的照片

二、室内设计中色彩的表情

　　"表情的特性是色彩领域中重要的研究对象之一。"美国艺术学家鲁道夫·阿恩海姆曾说道。

　　表情，是人类情绪的外部表现，如喜、怒、哀、乐等。色彩表情，是指将色彩人格化的一种色彩认知模式，各种色彩根据其特性的不同，运用在不同的空间中，能表现、激发或增进人们对于空间的情感体验。每一种色相，当它的纯度和明度发生变化，或者处于不同的色彩搭配关系中时，色彩的表情和特性也就随之发生变化。

1. 红色

　　红色是可见光之中光波最长、频率最短的颜色，是积极的、具有影响力的颜

⑧ 浙江展览馆投标方案序厅设计（齐晓韵
设计）

⑧ 浙江展览馆投标方案过道设计（齐晓韵
设计）

色。红色刺激着我们的行为，这些行为包括冲动、勇敢、愤怒、兴奋等情感体验。

在社会主义国家，红色被认为是革命、胜利、忠诚、激进的颜色，也是革命的
旗帜色。如图83、84，作者在做浙江展览馆的改造方案时，也用了大面积的红色，
来表现该建筑特殊的历史背景。

在中国古代，红色有着至尊至贵的地位。在"阴阳五色"学说中，红色是正色，
而后演变成中国传统文化中的重要色彩，也就是今日所说的"中国红"。史料中记
载的"炎帝火德，其色赤"，"赤"也是指红色。在中国的建筑设计中，红色有庄重、
贵气的含义。如图85，作者在做浙江展览馆改造方案时，贵宾厅大面积使用了红
色地毯，来表现雍容、大气的革命气度。

⑧ 浙江展览馆投标方案贵宾厅设计（齐晓
韵设计）

随着时代的变迁，用高纯度红色装饰建筑及室内的习俗已经慢慢消失，但当
红色加入了黑色，被暗化为低明度的绛红和暗红色时，依旧能表达出温暖、高贵的
室内空间感受。特别是暗红色的木饰面，现在比较多地运用在一些银行和会所空
间中，以表现这些空间的端庄和富丽堂皇（图86—88）。

045

Chapter 1 室内设计专业入门　Chapter 2 室内设计的工作程序与设计思考　Chapter 3 室内设计中的空间与界面　Chapter 4 室内设计中的色彩　Chapter 5 室内照明艺术　Chapter 6 室内家具与软装陈设　Chapter 7 室内装饰材料运用　Chapter 8 室内设计制图规范与表现方法

当高纯度的红色加入了白色，就演变为高明度、低纯度的粉色，表现出可爱、柔美之感。但粉色一般仅使用在一些特殊空间中（图89），当大面积使用时，需慎用。

86 87 88 浙江玉环农村合作银行总部大楼设计，大面积运用了暗红色木饰面。（李晨珵设计）

89 上海新弘国际城松江地块样板房的儿童房。（齐晓韵拍摄）

2. 橙色

在二维色环上，橙色位于红色和黄色之间，同时具有红色和黄色的一些色彩特性。橙色虽然不像红色那么让人振奋，但是能传递出友好、温暖和生机勃勃的感觉。橙色被用在救生衣上，给人以希望；橙色也被用在一些快餐店内，有使人增加食欲的心理效应；橙色被运用在办公空间中，具有时代感和活力（图90）。

当橙色降低纯度，它就是最接近木纹色的一种颜色，具有与生俱来的亲和力。硅谷蒙学园在设计中大量运用了木纹色，整个幼儿教学空间也因此充满了亲切、柔软、温馨之感（图91—93）。

90 上海凡享资产管理有限公司室内（李晨珵设计）

91 92 93 杭州硅谷蒙学园室内公共空间

3. 黄色

黄色是六种原色和间色中明度最浅的颜色,是一种让人松弛和愉悦的色调。和橙色相比,黄色显得更清澈、淡泊和内敛一些。

在中国传统文化中,除了"中国红",还有"中国黄"一说。在"阴阳五色"中,黄色属土,而土居"五方"的中央位置,意味着"土为尊"。黄色意味着贵气和尊贵,是皇家御用色,黄色琉璃顶和金色瑞兽构成的故宫辉煌而壮观。

在现代室内设计中,高纯度的黄色有一定的刺激性,很少在空间中大面积使用,一般作为点缀色出现,如一些特殊引导墙面、引人注意的导向标识和一些儿童活动空间的点缀色等(图 94—96)。

🄬 临时售楼处(图片来源: http://www.gooood.hk/open-prototype-sales-pavilion.htm)

🄭 🄮 杭州祥符中心幼儿园室内(彭璐阳设计)

4. 绿色

绿色是黄色和蓝色的间色。当绿色和黄色靠近时,会出现黄绿色,类似于颜料盘上的草绿色;当绿色和蓝色靠近时,会出现蓝绿色,类似于我们常说的孔雀绿。绿色在色环内的位置,决定了它偏黄或者偏蓝的色彩特性。绿色寓意着青春、希望、和平,令人放松。

在中国传统"阴阳五色"中,青色属于正色,常用于王爷府邸的绿色琉璃瓦上。在欧洲,绿色历来是丰硕和家族昌盛的代表,在寓意上有广泛的被认同感,

047

Chapter 1 室内设计专业入门 Chapter 2 室内设计的工作程序与设计思考 Chapter 3 室内设计中的空间与界面 Chapter 4 室内设计中的色彩 Chapter 5 室内照明艺术 Chapter 6 室内家具与软装陈设 Chapter 7 室内装饰材料运用 Chapter 8 室内设计制图规范与表现方法

常用于室内配色中。如图97中类似的配色对现代新古典设计风格的影响一直
延续至今（图98）。

在自然界中，绿色意味着春天和生命的到来，所以绿色也一直被认为是健
康、自然、幽静的代名词。某企业宿舍楼室内设计中运用绿色作为主色，表现
出轻松、安静的感觉（图99、100）。

97 法国枫丹白露堡（图片来源：www.
baidu.com）

98 上海外滩华尔道夫酒店客房室内

99 100 某企业宿舍楼室内设计（李晨玎
设计）

5. 蓝色

蓝色的波长较短，属于收缩、内敛的冷调色。蓝色纯正、高贵，中国历史
上有很多著名建筑物都用蓝色装饰屋顶，如南京中山陵的蓝色主调，体现了永
恒、博大、安宁的现代精神意义。

深蓝色系常被认为拥有华丽的、严谨的或者善于分析的特性，中蓝或深
蓝色，也常被作为银行或企业的形象色来使用，表示稳定、信任与力量。在做
室内设计时，设计师考虑使用企业的形象色作为搭配，也是室内设计的惯用手

049

Chapter 1 室内设计专业入门　　Chapter 2 室内设计的工作程序与设计思考　　室内设计中的空间与界面　　Chapter 4 室内设计中的色彩　　Chapter 5 室内照明艺术　　Chapter 6 室内家具与软装陈设　　Chapter 7 室内装饰材料运用　　Chapter 8 室内设计制图规范与表现方法

法。如图101、102，设计师将华电集团的蓝色LOGO色作为点缀色运用到杭州华电半山发电集团有限公司办公楼的室内设计中，使得室内空间的表现更具独特性和唯一性。

　　浅蓝色系则常被认为是洁净的、平静的和心旷神怡的。如图103，浅蓝色和金色作为补色搭配使用在空间中，表现出清新、时髦、惬意的空间氛围。

101 华电集团的蓝色 LOGO

102 杭州华电半山发电集团有限公司室内（齐晓韵设计）

103 ZIBD 乳制品体验店（彭璐阳设计）

6. 紫色

　　紫色在色环上跨越冷色和暖色，是一种神秘、孤傲和略带忧郁的颜色，由红色和蓝色混合而成，暗示着皇权、高贵和等级。

　　在中国传统文化中，有以紫为贵的传统，北京的故宫被称为"紫禁城"，亦有"紫气东来"一说。纯度较高的紫色，具有一定的侵略性，因此现代室内设计中，大范围使用紫色的情况并不多见。但紫色具有其特立独行的色彩气质，当用在一些需要极具表现力的空间中时，如剧院空间等，也能表现出大气磅礴的空间特质，如图104、105。当紫色的明度变为浅紫色时，紫色又能散发出年轻、娇媚、迷人的色彩气韵（图106—108）。

7. 非彩系——白色、黑色

　　色彩饱和度很低或者没有色度的色彩，都被称为非彩系。白色和黑色是典型的非彩系，也是经典的常用色。如中国传统的水墨画，黑白相依相融，意境丰富，是中国传统艺术之瑰宝。

　　从光的性质而言，白色是所有可见光谱中的光同时进入了视觉范围，是色彩学中常称的"全光谱色"，而黑色被定义为没有任何可见光进入视觉范围，这是由缺乏光线造成的。白色和黑色都是中国传统五色之一。在中国传统文化中，白色是平庸者之意，如白丁、白衣等；黑色却象征着权力，商代便崇尚黑色，到了秦朝更是将黑色（玄色）的尊贵地位推到极致。黑白两色的影响力一

104 105 新加坡科技与设计大学第一期工程室内（图片来源 http://www.10333.com/details/2015/34191.shtml）

106 107 108 潮牌Acne Studios米兰店（图片来源https://www.dezeen.com/2017/07/09/acne-studios-opens-pink-ceilinged-flagship-store-milan-brera-interior-design/）

109 110 上海玉佛禅寺书画室，运用非彩系作为设计的主色。（齐晓韵设计）

111 112 杭州富阳东梓关民居，粉墙黛瓦。
（齐晓韵拍摄）

直延续至今，粉墙黛瓦仍是江南水乡以及皖南民居传统建筑的基本色彩，也是现代建筑和室内设计灵感创作的来源（图109—112）。

三、室内设计中色彩的整合

在室内设计中，我们除了要了解各种色彩的特性，还需要学习让色彩协调的色彩整合的方式。概括而言，有两种方式可以获得色彩协调的视觉效果：一种是选择那些属性比较相近的色彩进行整合，另一种是选择那些混合在一起能够形成光谱平衡的色彩进行整合。

1. 相邻色协调

在空间用色中，使用两种或两种以上在色环中彼此相邻或是非常靠近的色相，把它们组合在一起，称为相邻色协调。因为对于两种或者多种在色相上相近的色彩，人眼会不自觉将它们混合在一起来认知它们，来达到和谐的视觉效果。一般而言，相邻色都是围绕一种占主导地位的色相而展开的，相邻色

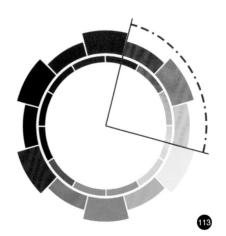

113 相邻的色彩在色环上 90° 的范围内，可产生相邻色协调。（插图：王选）

114 杭州隐士音响房品茶区,相邻色协调。
(齐晓韵设计)

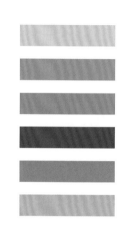

115 天台县国大雷迪森酒店全日制餐厅方
案,相邻色协调。(李晨玎设计)

的范围也是位于色环上90°的范围之内,如图113。在相邻色协调设计中,我
们也可以变化这几种色相的明度和纯度,来丰富室内空间设计的层次感(图
114、115)。

2. 互补色协调

互补色是指在色环上180°相对位置的色彩,当这种互补色关系用于色
彩设计中时,称为互补色协调。在美术实践中我们得知,将补色颜料调和在一
起会产生非彩色——灰色,所以互补色协调是一种简单的全光谱色协调。只
要其中任何一种或两种颜色是从两种补色中派生出来,即便有明度和纯度的
变化,我们也能够称之为互补色协调。如图116、117,橙色和蓝色均降低了纯
度,但仍保留了互补色协调的色彩关系。如果在室内设计中运用互补色协调,
最好两种色彩不要使用相同的强度,可以适当变化补色的纯度或者面积,来
避免产生强烈的视觉刺激。如图118、119,虽然是互补色协调,但是变化了绿
色的明度和纯度,使得空间的色彩效果活泼又不失协调。

116 橙色和蓝色互为补色。（插图：王选）

117 杭州某酒店大堂设计，互补色协调。（李晨玚设计）

118 红色和绿色互为补色。（插图：王选）

119 某企业食堂设计，互补色协调。（李晨玚设计）

120 分离补色协调关系。（插图：王选）

121 杭州浦沿街道中心幼儿园室内设计，分离补色协调关系。（齐晓韵设计）

当补色中的任意一种或两种色彩，出现了相邻色相上的变化（图120、121），即与某种补色对应的不是它的补色，而是对应补色两边对称的两种色相，这种也是色彩学上比较常见的分离补色协调关系。分离补色协调为室内色彩设计提供了更多的可能，在多种色相上产生明度或纯度的变化，会使得室内空间的色彩设计更具层次感。

116

117

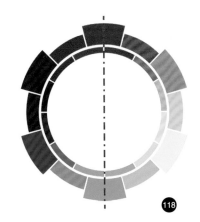

118

119

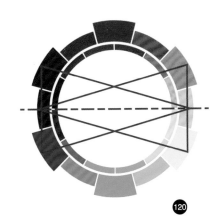

120

121

053

Chapter 1 室内设计专业入门　Chapter 2 室内设计的工作程序与设计思考　Chapter 3 室内设计中的空间与界面　Chapter 4 室内设计中的色彩　Chapter 5 室内照明艺术　Chapter 6 室内家具与软装陈设　Chapter 7 室内装饰材料运用　Chapter 8 室内设计制图规范与表现方法

3. 非彩色协调

在室内空间色彩中，使用非彩色作为设计主色，或者使用非彩色来协调各色彩组合，都可以称为非彩色协调。非彩色，是指色彩饱和度很低或者没有色度的色彩，如黑、白、灰、米色等。非彩色协调是全光谱色协调的另一种表现形式，因为这些颜色本身就是全光谱色平衡的结果，当空间里的主色是全光谱色时，空间色彩自然会显得更协调（图122、123）。

在一些色彩相对鲜明跳跃的室内设计中，为了达到和谐的视觉效果，设计师可以用黑白色将其余色彩隔开，或插入明度极高或者极低的非彩色，使不同色彩被分别阅读而不会互相影响，这也是非彩色协调的常用设计手法。如图124，设计中除了使用互补色协调，也运用了非彩色协调的设计手法。

122 123 上海某学校阅览室和会议室室内，非彩色协调。（齐晓韵设计）

124 天台县国大雷迪森酒店客房过道方案，非彩色协调，分离补色协调关系。（李晨玏设计）

122   123   124

四、住宅与公共空间的配色案例

1. 住宅空间的色彩

私人住宅设计完全是个性化的，家居色彩的选择和居住者的个人喜好有关。设计师在承接家装设计项目时，一般都会问业主喜欢什么"风格"，"风格"里包含了空间的装饰形式和色彩。男主人常常会喜欢硬朗明快的线条，这意味着可能会出现一些金属元素的灰色调。如图125，设计中使用银灰色钢板作为装饰主材。女主人常常偏好居住空间温暖的感觉，这意味着可能会出现一些暖色壁纸和暖色布艺软装等。有些业主，如软装或者服装设计师，可能喜欢大面积的补色关系，来彰显自己的个性和品位；还有些购置豪宅的业主，喜欢中式宅院闲庭信步、诗意栖居的感觉，那设计中就会出现大面积的纯木色（图126—129）。

除私人住宅设计外，目前国内一、二线城市购房全装修交付已经成为主流的趋势。在建设部出台的《商品住宅装修一次到位实施导则》（建住房[2002]190号）中有如下定义："装修一次到位是指房屋交钥匙前，所有功

125

125 上海某家装客厅空间（齐晓韵设计）

126 杭州桐庐某豪宅主卧（齐晓韵设计）

127 杭州桐庐某豪宅书房（齐晓韵设计）

128 杭州桐庐某豪宅泳池（齐晓韵设计）

129 杭州桐庐某豪宅起居厅（齐晓韵设计）

130 安吉某公寓交付标准（齐晓韵设计）

131 安吉某公寓样板间展示标准（齐晓韵
设计）

能空间的固定面全部铺装或粉刷完成，厨房和卫生间的基本设备全部安装完成，简称全装修住宅。"在全装修住宅的设计中，装修的设计配色需尤为慎重，因为面向是各年龄层的购房者，此时就更应考虑他们色彩喜好的共性。全装修住宅的配色多以"不出错"为原则：展示和交付样板间的设计风格多朴素、雅致，主色调多为中高明度和中饱和度，白色或米色调墙面和偏暖色调木饰面也多为首选。如图130、131，展示的分别是全装修住宅在同一个角度下，交付标准及带软装展示标准的效果。

2.教育空间的色彩

在教育空间中，中学或大学室内空间的配色已经接近成人用色，但幼儿教育机构由于小龄段儿童的特殊性，室内用色仍然值得探讨。目前国内幼儿园室内设计的配色和各教育流派有关，也和各幼儿园的办园特色有关。

在幼儿教育机构中，虽然学生经常改变，但平均年龄基本不变，该年龄段的幼儿有其色彩偏好的特殊性。多数幼儿园空间的色彩较为鲜明，因为社会大众普遍认为，高纯度的色彩存在于幼儿的生活空间中，对于激发幼儿的想象力是有益的。国内多数幼儿教育机构的知识体系比较现代，注重与孩子的沟通与互动，也重视孩子与自然世界的亲近，可以利用一些植被、星星、云朵和城堡等造型来做成一个"情景空间"，使幼儿把自己的游戏融入这些环境中去（图132、133）。

国内有些幼儿教育机构沿用的是蒙台梭利的办学体系，蒙氏最初从医学角度研究儿童，从而发现儿童认知和心智发展的基本规律。蒙氏教育重视孩子的自律，需要有教具准备的、安静的教学环境，这就意味着教学环境内不宜出现过于刺激的色块，宜使用低饱和度色作为主色，避免对孩子的学习和思考产生干扰。如图134、135，硅谷蒙学园的教室使用原木色和白色作为主色，墙面上设置了大面积的软木墙包，既能保证幼儿的安全，又便于展示和替换幼儿

🔍 **小贴士**

瑞吉欧教育体系的创始人洛里斯·马拉古齐（Loris Malaguzzi）提出：在儿童使用的空间中要包含冷暖两种色彩；儿童需要受到高纯度色彩的刺激，但只使用高纯度的色彩可能会增加儿童的焦虑，所以需要控制高纯度色彩的面积；长期处于高明度的空间中，儿童容易产生注意力难以集中的问题。

因此，我们推荐使用中纯度、中明度色作为儿童空间的主色，来保持视觉的平衡。在睡眠区，可以采用中低纯度色和以偏冷色调为主色的做法，来安定儿童的情绪；而在活动区，可以使用高纯度的色彩，来活跃气氛。

132 杭州浦沿街道中心幼儿园多功能厅（齐晓韵设计）

133 杭州浦沿街道中心幼儿园阅读室（齐晓韵设计）

057

Chapter 1 室内设计专业入门　Chapter 2 室内设计的工作程序与设计思考　Chapter 3 室内设计中的空间与界面　室内设计中的色彩　Chapter 4 室内照明艺术　Chapter 5 室内家具与软装陈设　Chapter 6 室内装饰材料运用　Chapter 7 室内设计制图规范与表现方法　Chapter 8

134 杭州硅谷蒙学园 IC 班教室空间（齐晓韵设计）

135 杭州硅谷蒙学园混龄教室空间（齐晓韵设计）

136 哈萨克斯坦阿拉木图国际医学中心（图片来源：http://www.som.com/）

137 菱湖县人民医院（周峰设计）

的个人物品或作品，使幼儿更有安全感和归属感。

3. 医疗空间的色彩

在大型的医疗建筑中，因各空间承载的功能不同，各空间色彩应用的目的也不同。在进行色彩设计时，空间可分为三类：公共空间；治疗空间，如病房、诊室等；工作空间，如实验室、X光室等。白色曾经是医疗空间使用最多的颜色，因为白色相对于其他用色，更易于传递出洁净的感觉。现今有些医疗专家认为，没有色彩的单调环境可能引起感觉遮断（sensory deprivation），特别是在缺乏声、光等刺激条件下躺在床上数天后，人会感到痛苦和不适。所以，现在人们对医院设计的心理诉求已经发生了变化，医院需要避免对白色的过度使用，以免使人产生心理上的紧张感。

（1）公共空间：病患们需要家庭般温馨的就医环境，公共空间可以多使用暖色调的饰面和相邻色协调的色彩设计手法。偏橙色的暖色调是常用于医疗空间的色系，有激励的作用，能使病患有良好的心理感受（图 136、137）。在大型的医疗建筑中，色彩导视可以帮助来访者明确通往各个空间的主次通道，建立必要的交通秩序（图 138）。当整体硬装设计使用较大面积的白色时，色彩饱和度较高的软装可以用来增加空间的色彩层次感（图 139）。

（2）治疗空间：病房是病患长期停留的空间，色彩宜温馨、雅致，可以沿用公共空间的配色，使用暖色调的饰面作为空间主色（图 140），来消除病患内心的紧张感。也有一些色彩学派建议，可在病人床头部分使用暖色调色彩，但在病人对面的墙上使用具有镇静作用的冷色调色彩，使病患在休息时拥有更为安静的环境（图 141）。上述两种方式都是病房常用的色彩组合方式，但也有康复医院在病房里使用冷色调的饰面及家具（图 142），该色调的选择既延续了该项目建筑水乡主题的外立面配色，又和收治病患的心理和身体状况相关联。

（3）工作空间：医务人员的工作空间相较公共空间和治疗空间，可以更多地使用白色或乳白色，来保持心理上的洁净感（图143）。手术室空间，由于外科医生的眼睛长时间注视血液的红色和暴露在外的身体组织而不断经历色彩对比，因此选用红色和橙色的补色——绿色或者蓝色作为手术室的空间主色，可以抵消色彩视觉残像的影响。当医生在手术间歇抬头，冷色可以让眼睛从强烈的红色中得到休息，从而缓解医生的视觉疲劳（图144）。

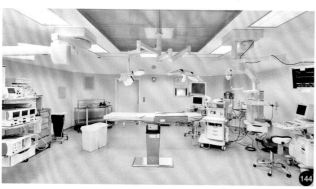

138 浙江民政康复中心（齐晓韵设计）

139 国王郡医院中心二期（图片来源：http://www.som.com/）

140 谢赫·哈利法医疗城（图片来源：http://www.som.com/）

141 谢赫·哈利法医疗城（图片来源：http://www.som.com/）

142 浙江雅达国际康复医院（图片来源：http://www.gooood.hk/wuzhen-medical-park-by-gmp.htm）

143 美国·诺斯维尔保健、卡茨妇科医院和扎克伯格楼（图片来源：http://www.som.com/）

144 意大利·维罗纳 Borgo Trento 医院（图片来源：http://www.gmp-architects.cn/projects.html）

课堂思考

1. 简述色彩的基本属性。

2. 简述色环上主要色彩的特性。

3. 运用学习到的色彩知识，分析自己感兴趣的酒店、展陈或办公空间分别用的是哪些色彩设计手法。

Chapter 5

室内照明艺术

充分掌握室内设计中的照明知识，了解各种照明灯具的照明技术和照明方法。

1. 了解室内照明设计中的常用灯具。
2. 了解室内照明设计的方法和种类。

一、照明艺术概论

1. 光与照明

如果说"明火"的发现将人类生存方式带入了新的阶段，那么灯具的发明则加速了人类社会进步和发展的步伐。在过去的时代中，人们在黑夜里艰难地进行大规模的学习或生产，但是借助人工照明，现代各种形式的生活便能在亮如白昼的夜间开展。相较于百年之前，人类可以活动的时间大大延长。人工照明彻底改变了人类的生存和生活方式。

如同所有被人所发明出来的事物一样，人工照明的发展也经历了漫长的历史阶段。从最早的燃烧火把到明火灯具，如蜡烛、油灯、煤气灯等，再逐步发展到现代的电气灯具，照明技术伴随着社会进步不断地向更丰富、更清洁、更安全的方向发展。

2. 照明设计概述

照明有自然与人工之分。自然界的照明主体是太阳，有了阳光，人们的眼睛才能看到物体。而人工照明最初的目的是向人们提供生活所需的、能替代太阳的亮光。所以照明设计最基本的功能是向物体提供必要的光照，让人眼能看见。当然，随着物质和精神文明的不断进步，人们对照明设计的要求已经不只是解决基本的光照。在室内设计领域，以照明设计来塑造空间的形态，调

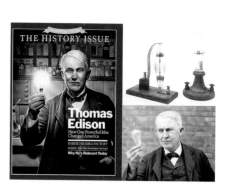

**托马斯·阿尔瓦·爱迪生
（Thomas Alva Edison）**

2010 年的美国《时代周刊》杂志再次发表了刊文，描述爱迪生一生中各种影响人类发展的伟大发明，其中就包括改良了的电灯。爱迪生的电灯能稳定、长效地进行工作，也因此得以走进千家万户。右上图中的右侧电灯便是爱迪生的发明，而左侧是英国化学家、物理学家约瑟夫·威尔森·斯旺的发明。

控使用者的心理，营造环境中的格调和氛围等，已然悄悄地成为当今照明设计中必须思考的内容。

在实际操作的设计项目中，照明设计既是室内设计师需要反复推敲的工作内容，同时也是电气设计师必须完成的本职工作。在照明问题上，只有两类设计师配合才能将照明项目完满完成。设计期间，室内设计师需要考虑用光照塑造空间，需要为空间中的人的各种活动提供合理舒适的照明条件，要为室内设计的风格类型选配合适的灯具。而电气设计师则要配合室内设计师，精确计算灯具的使用电量，确认负荷等级，设置配电装置和开关，提供合理电压和布线系统；另外，还要使用软件模拟光照的照度和曲线，制作伪色图；根据国标相应法规设置应急照明，确保用电（灯）安全符合规定等。

在现代室内环境中，照明的质量直接影响使用者对环境设计成果优劣的评判。由于社会对照明的关注不断增加，照明设计的运用已然成为一名优秀设计师必须掌握的工作技能。

二、照明亮度与照度

1. 照明的照度与亮度

提起如何形容光照很强的感受，人们通常会说出"亮"这个词。比如说"环境很亮""灯泡很亮"。但在照明设计中，"亮"需要用更精准的概念来表示。比如光照的亮度和照度，这两个是不同的概念。

照度是指物体单位面积向视线方向发出的光的强度，用符号 L 表示，亮度的单位是 nt（尼特）。而照度指的是落在被照面物体上的光通量的程度，用符号 E 表示，照度的单位是流明每平方米，又称 lx（勒克斯）。1lx 指 1 流明的光通量均匀分布在 1 个平方米的被照面上的单位（图 145）。

在照明设计中，照度单位常被用来审视照明质量的好坏。比如在国标

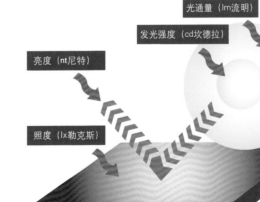

145 光通量、发光强度、亮度以及照度的不同概念。其中照度单位经常在国标照明标准中被明确规定，合规的照度也是反映良好照明质量的参考标准。

061

Chapter 1 室内设计专业入门　Chapter 2 室内设计的工作程序与设计思考　Chapter 3 室内设计中的空间与界面　Chapter 4 室内设计中的色彩　Chapter 5 室内照明艺术　Chapter 6 室内家具与软装陈设　Chapter 7 室内装饰材料运用　Chapter 8 室内设计制图规范与表现方法

（GB50034-2004）《建筑照明设计标准》中（图146）明确了各类室内环境中可取的标准照度值，类似照度的数值都是经过权威机构的普查、实测、论证、总结后得到的结果，通常会受到广泛认可和使用。在实际项目中，特别是在大型公共建筑和公共室内设计的工程验收范围里，照明设计是一个必须检验、检查的项目，如果照明不足或过度照明，则整改过程会对项目的如期竣工和投入使用的时间造成巨大的影响。

146 《建筑照明设计标准》

2. 照明的色温与显色性

　　色温：有色彩知识的设计师一般都能理解色彩具有"暖"和"冷"的感受。在照明灯具中，由于发光体发出不同波长的光色，光存在偏向较长波长的红色、或较短波长的蓝色的颜色倾向。这种冷与暖的色彩感受，就被称为"色温"。色温用温度单位K（开尔文）来加以量化，数值越低色温越偏暖（图147），反之则越冷（图148）。在日常照明灯具所见的色温中，通常有2000K~6500K的光色可供选择（正午日光色温为6500K）。色温会对设计对象的心理产生较大的影响。通常，诸如私密空间中，需要营造温馨、轻松的环境氛围，色温较低的暖色会带来理想的效果。而需要公共聚会或办公学习的空间，需要明亮、爽朗的气氛感受，偏向较高色温的方案则更容易被使用。

　　显色性：光源的显色性是指光源发射光谱是否完整或连续的能力。自然界中太阳的光谱是连续且完整的，所以在自然光照下的物体色彩能够百分百可见。而人工光源由于不具备百分百的光谱（图149），所以物体在不同人工光源的照射下，反映的色彩会有所不同。人工光源的显色性一般用Ra来表示，显色指数由数值0~100来标注。100为最高，还原色彩最接近自然光照下的颜色；数值越低，则表明光源对色彩的表现力越差，无法真实反映被照对象的颜色特性。

147 较低色温的照明设计。环境让人感到温暖、雅致。

148 较高色温的照明设计。总体环境冷峻、明快，现代感强烈。

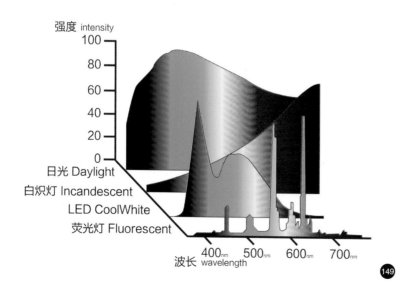

149 不同照明光源下的光波特性，其中荧光灯的光谱与自然光光谱比较，明显存在残缺，暴露出显色性不佳的问题。（插图：王煜新）

063

Chapter 1 室内设计专业入门　Chapter 2 室内设计的工作程序与设计思考　室内设计中的空间与界面　Chapter 4 室内设计中的色彩　Chapter 5 室内照明艺术　Chapter 6 室内家具与软装陈设　Chapter 7 室内装饰材料运用　Chapter 8 室内设计制图规范与表现方法

在目前室内设计的各类项目中，诸如大型展览馆、商业空间、专卖店、较高规格的办公空间等，一般都要求灯具的显色指数（Ra）大于85。在类似博物馆和美术馆等特殊空间中，光照的显色指数要求大于90，或规定要百分百完整还原所照对象应有的颜色。

三、光源与灯具

1. 照明光源种类与特性

现代室内设计中，可供选择的光源丰富繁多，如白炽灯、卤钨灯、卤素灯、荧光灯、高压汞灯、高压钠灯、发光二极管（LDE）等等。因为每种光源的发光特性不同，所以设计师要根据环境的使用需求，挑选合适的光源。以下就三类光源做一个简单介绍：

白炽灯：1879年10月21日，爱迪生发明了第一种具有实用价值的白炽灯。其实早在1821年，英国科学家就已经使用碳棒作为灯丝，实现了电转为光的科学突破。白炽灯的发明将电灯真正带入了寻常民众的生活。白炽灯也是目前生活中被普遍使用的光源之一（图150、151）。白炽灯的光色温暖，色温通常偏低，在2800K上下，发热量较大，使用寿命较短，具有一定紫外线辐射等特性，但是白炽灯的优势是可以百分百还原物体色彩。与白炽灯类似的光源还有卤钨灯、卤素灯等。其中带有滤光镜片的投射卤钨灯很好地解决了白炽灯发热和布光不匀等问题，同时能过滤射线，有效防止光照损害，卤钨灯还具有较长的使用寿命，因此广泛运用于展厅、橱窗、商店设计中。

荧光灯：与白炽灯的发光原理完全不同，荧光灯是一种低气压汞蒸气弧放电灯，其利用灯管内的两段电极释放电子，与汞原子碰撞放电，将大部分电能转化成紫外线辐射，而紫外线辐射最后被灯管内壁的荧光粉涂层吸收转化成可见光。过去的荧光灯产品造型单一，随着技术进步，现在市场上可以买到的荧光灯管规格丰富，选择较多（图152、153）。荧光灯的光源目前有冷色和暖色可供挑选，暖色灯管色温在3000K左右，较白炽灯的光色稍微发白。荧光灯的电能转化为光能的效率非常高，没有类似白炽灯的巨大发热量，虽然光照会逐年衰减，但是仍旧有较长的使用寿命，非常适合用作工作环境的照明。荧光灯发出的光线柔和分散，不太容易聚焦，适合洗墙、上下射光、泛射照明等。除了上述优点外，荧光灯也存在缺点。比如在显色性问题上，常规荧光灯管的表现相对白炽灯而言处于劣势。

发光二极管：发光二极管简称LED，是目前市场上常见的新型光源。LED相较传统的白炽灯和荧光灯而言，具有能耗更小、使用寿命更长、启动响应快速、发光性能出色、产品环保安全等特性（图154、155）。另外由于LED的发光单元结构牢固，体型细小，可以被用来组合设计成各种类似白炽灯或荧光灯

150 生活中最常见的钨丝白炽灯

151 具有装饰效果的异形钨丝白炽灯

152 市场上造型各异的荧光灯管

153 荧光灯配合钢管造型，能塑造出具有工业化特性的装饰。

管的形状,日常使用时,能非常方便地替代上述的两类光源。

　　LED虽然优点众多,但是目前在照明要求较高的项目中却较少用到,主要原因还是高性能的LED光源价格不菲,而普通的LED光源在色温和显色性两方面无法达到照明要求。普通的LED光源的色温过高,光色偏蓝或偏紫,在显色性的问题上甚至略差于荧光灯管,所以现在市场上除了家庭使用的各类LED,较少能找到适用于展厅、商店等需要特殊专业照明的LED产品。但是随着技术不断进步,不久后LED可能替代白炽灯或荧光灯等传统照明光源,在各类照明指标上趋于完善,在使用性能上更安全可靠。

　　光源的种类和特性是设计师在选择过程中需要反复斟酌的问题。但是常规项目中的照明设计是有规律可循的。分析照明对象的需求,选择光源时多考虑其使用寿命、光强特性、色温和显色特点、经济实用性等因素,优秀的照明方案要做到均衡合理。另外,光源的使用最终是否达到了原本设计的构想要求、烘托了环境氛围,也是设计师在实践中需要着力解决的问题。

2. 多样化的照明灯具

　　在室内照明设计中,灯具的选择常常是需要设计师刻意精心设置的内容。灯具的良好布置和形态能为设计效果锦上添花,反之则也可能成为设计败笔。小小的灯具能看出业主的品位,或设计师是否真正完成了精细的设计。

　　灯具常见的分类方法有以下几种:固定灯具和可移动灯具,建筑灯具和装饰灯具,可调光灯具和固定光灯具,智能灯具和非智能灯具等。

　　固定灯具和可移动灯具:固定灯具是指在室内装饰过程中需要通过预埋线管安装固定的灯具(图156、157)。不论灯具安装在顶棚、墙面、地面或者任何室内空间中,只要不可移动,就称为固定灯具。可移动灯具(图158)是指在室内空间中,使用者可以根据需要进行摆放挪位或撤走的灯具。在设置固定灯具时,因为前期需要预埋管线与开关设置,所以设计师在工作过程中应避免出现反复修改的情况,以造成工期延误。而可移动灯具具有可灵活设置的特性,设计师可以在后期临时增加或减少其设置,非常容易选择和调整。

154 目前 LED 能够被集成制作成类似白炽灯和荧光灯的造型,极大方便了 LED 的推广和使用。

155 使用了新型 LED 作为光源的装饰灯具,LED 灯头呈现白色球体形状,具有很高的装饰性,同时更环保节能。

156 **157** **158** 常见的固定灯具,轨道移动灯具以及可移动的灯具(图片来源:Kevin Heslin著,*Home'lighting*,OxmoorHouse, 1999, 第17、18、19页)

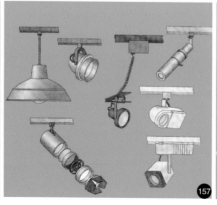

建筑灯具和装饰灯具：很多照明灯具都被设计得简洁朴实，这些灯具设置的目标是照亮对象，其本身不被凸显，甚至被隐藏起来（图159）。这样的灯具通常被称为建筑用灯具，如常见的洗墙灯，嵌入顶棚结构的内置筒灯，某些为展览设置的射灯等。它们能渲染空间结构，照射展示对象。其布置原则是真正的"见光而不见灯"。而另一些灯具在空间里会非常容易为视线所见，其造型也会在很大程度上影响室内设计的风格和视觉格调，这一类灯具被称为装饰灯具（图160、161），如常见的装饰吊灯、装饰壁灯、装饰落地灯等。这些灯本身除了照明功能以外，也扮演了室内陈设的"道具"，其可以成为室内设计的装饰元素。

159　图中商店照明中使用了大量筒灯以及隐藏的灯带。在此，灯具完全是"功能性"的，不具有装饰功能。

160　161　图中为根据不同主题进行特别定制的装饰灯具。在此，灯具除了照明功能外，更被赋予了装饰功能，呼应设计主题，形成视觉吸引力。

可调光灯具和固定光灯具：可以进行光照调控的灯具即是可调光灯具，可调光灯具在实用性与室内气氛营造的功能上要强于固定光灯具。现在市场上有大量LED可调光的灯具可选（图162），其中还有可调色彩的产品，这种产品配合智能终端可以进行色彩和光照强度的调节。具有色彩的光照在心理暗示和氛围营造上效果显著，如果设计师在项目中适当加入此类型照明产品，会给业主留下独具匠心的设计印象。

智能灯具和非智能灯具：在现今人工智能飞速发展的时代，越来越多智能型的灯具出现在生活中，如从早期出现的声控、光控的灯具，到可以根据光照环境自动调光的灯具，再发展到现在通过APP终端可以远程控制的灯具（图163）。相比较过去传统的非智能灯具产品，新时代的灯具追求主动"思考"，通过传感自动控制调光。灯具开始主动适应每个个体的生活需求并自行调整。

162　最新的LED灯具产品，通过开闭次数就能实现3级光照变化。其安装方式与普通灯泡无异。

163　国内市场上推出使用APP进行全程控制的灯具，能够实现远程遥控和光色转变。

智能照明作为新时代的科技发明，将来一定会更大规模地运用在室内照明设计中，届时将大大增强室内照明的适应性和可塑性。

四、室内照明形式和种类

1. 室内照明的三种形式

室内照明的形式主要分为三种：直接照明、间接照明、发光体照明。

直接照明：直接照明顾名思义是将光线直接射向对象的光照方式（图164）。根据照射光源特性的不同，直射照明还可以分为直射与漫射两种光的形态。直射光的特点是光线比较集中，照射目的明确，对象被照射后产生的明暗关系比较明显。漫射光的特点是照射光线比较柔和，照射方向不明显，被照对象明暗过渡较为柔和。直接照明常常运用在室内照明设计中，无论是餐桌上的吊灯、窗前的台灯，还是展览馆的射灯、教室里的格栅灯等。直接照明的方式总会给人明确和直观的印象，另一方面，直接照明在塑造对象方面也具有更丰富的表现力。

间接照明：间接照明是通过直接照明光线的漫反射而得到柔和的光线，通常发光的光源体会被隐藏起来（图165）。在漫反射光线的形态上，其受到光照反射面形态的很大影响。在常规项目中，间接照明的方式常常设计为发

164 直接照明是住宅照明设计中使用比例较高的照明形式。（图片来源：Kevin Heslin著，*Home'lighting*，OxmoorHouse，1999，第10页）

165 常见的几种间接照明方式（图片来源：Kevin Heslin著，*Home'lighting*，OxmoorHouse，1999，第14页）

166 167 在照明设计项目中，直接照明通常用来照亮实物，间接照明通常用来渲染气氛，两者有益结合，能塑造出层次丰富的空间感受。

067

Chapter 1 室内设计专业入门　Chapter 2 室内设计的工作程序与设计思考　Chapter 3 室内设计中的空间与界面　Chapter 4 室内设计中的色彩　Chapter 5 室内照明艺术　Chapter 6 室内家具与软装陈设　Chapter 7 室内装饰材料运用　Chapter 8 室内设计制图规范与表现方法

光槽、发光井的形态。由这类形态得到的间接照明光线多能在塑造空间的同时，起到渲染气氛的作用。间接照明得到的光线也有不足之处，比如在光槽设计中，不恰当的间接照明容易产生明显的交界线。再比如距离控制不当，间接照明柔和的光线效果不容易显现等。另外，为间接照明设计的发光造型如果不恰当，对灯具更换来说也会增加工作难度。

发光体照明：发光体照明通常是指某些霓虹灯装置、店门标牌、紧急出口标识等一系列发光和具有照明功能的物体（图168—170）。发光体照明主要的功能并不是照亮空间以供人的工作或生活使用，更多的是由于自身需要进行照明。在发光体照明设计中，设计师可能需要更多考虑环境和发光体的协调关系，根据环境的具体照度情况来设置发光体的照明设备。

168 169 170 发光体照明，通常被用来制作门头、品牌标志，以及具有趣味性的装置等。

2.不同空间的室内照明

（1）住宅场所的照明

住宅场所的照明工作是照明设计中比较常见的项目类型。在住宅照明中，设计师需要注意的是根据不同空间使用功能，设置不同规格的照明光亮，同时充分考虑色温、照度等问题（参考下表）。比如在饭厅的照明中，偏暖色和照度合适的亮光能使得菜肴看上去令人有食欲。再比如在卧室的照明中，低矮的落

🔍 **小贴士**

中华人民共和国国家标准：建筑照明设计标准（GB50034-204）

由中国建筑科学研究院主编的关于居住、公共和工业建筑照明标准的标准是规范。其中数据是通过大量普查、实地调查、专家经验等得到的。里面不乏很多照明设计需要遵守的强制性条文，建议设计师常备，需要时可以翻阅，做到有据可依。

居住建筑照明标准值

房间或场所		参考平面及其高度	照明标准值（1x）	Ra
起居室	一般活动	0.75m水平面	100	80
	书写、阅读		300	
卧室	一般活动	0.75m水平面	75	80
	床头、阅读		150	
餐厅		0.75m餐桌面	150	80
厨房	一般活动	0.75m水平面	100	80
	操作台	台面	150	
卫生间		0.75m水平面	100	80
注：宜用混合照明				

图表摘自国标《建筑照明设计标准》中的居住建筑照明标准表。

地灯和温暖的光色能使得空间的私密性和舒适性得到一定的提升。有关住宅空间的照明技术标准,我们可以从国标的资料中找到,但是对于灯具的个性设计,则应根据住宅整体装饰的风格,在住宅设计师与业主的商讨下进行配置。

171 172 根据空间内不同的区域功能,设置照明需要有所侧重。如上图中装饰墙面与桌面的照度同空间内其他地方有所不同。所谓的照明艺术性是让空间有对比,有层次,产生主次。

(2)公共场所的照明

公共建筑是一个相对比较宽泛的概念,其中包括了如图书馆、大型办公场地、商业营业场所、剧院、学校、旅店、医院等场所。针对不同的场所设施,国家发布的《建筑照明设计标准》已经详细列举了每一种建筑场所照明的标准配置与要求,对其中的技术指标如照度标准、显色性、眩光等参数进行了规定。

在公共建筑作品中(图171、172),好的照明设计通常能为室内空间增色不少。尤其在主题性较强的设计作品中,照明设计更是重要的造型手段,能让空间产生层次,形成视觉认知主次。优秀的照明配置犹如电影的配乐,让空间拥有了生命,让平淡无奇的作品发生戏剧化的改变。

(3)博物馆照明简介

博物馆分历史博物馆、自然博物馆、行业技术馆、科技馆、美术馆等类别,博物馆的照明项目通常会邀请专业照明设计公司来承担。博物馆照明设计包括了展品照明、普通照明、应急照明、消防用照明等内容,相较普通室内设计的照明任务来得更为繁复,所以也要求从事室内、展陈、照明的设计师应通力配合。

对此类照明要求较高的设计项目,业主和总包单位通常会让具备专业资质能力的公司来进行照明分项的设计与施工工作。目前国内专业从事照明设计的单位并不多,能做到展示照明和保护照明的同时兼具艺术设计的单位更是寥寥无几。

博物馆照明中对展品的照明要求非常严格,国标(图173)中对照明光源的发热、照度、色温、显色性、光辐射等问题规定有明确的指标。在博物馆照

表5.2.8 博物馆建筑陈列室展品照明标准值		
类　别	参考平面及其高度	照度标准值（lx）
对光特别敏感的展品：纺织品、织绣品、绘画、纸质物品、彩绘、陶（石）器、染色皮革、动物标本等	展品面	50
对光敏感的展品：油画、蛋清画、不染色皮革、角制品、骨制品、象牙制品、竹木制品和漆器等	展品面	150
对光不敏感的展品：金属制品、石质器物、陶瓷器、宝玉石器、岩矿标本、玻璃制品、搪瓷制品、珐琅器等	展品面	300

注：1　陈列室一般照明应按展品照度值的20%~30%选取；
　　2　陈列室一般照明UGR不宜大于19；
　　3　辨色要求一般的场所Ra不应低于80，辨色要求高的场所，Ra不应低于90。

173

175

176

173 摘自国标《建筑照明设计标准》中的有关展示照明规范的表格。

174 日本东洋陶瓷美术馆中的展示照明，采用了自然光作为光源。通过技术特殊处理的自然光能在减少紫外线伤害的同时，最真实地还原瓷器的色彩与质感。

175 展柜中的展示要注意对展品的塑造，可以从不同角度进行照明。

176 日本东京科学技术馆中的照明方式独特且别具一格，较好地衬托出主题。展览馆的照明设计思路不可僵化，应根据不同内容，不断创新照明形式。

明中，由于展品具有珍贵价值，不恰当的光源会损坏展品，比如古画、标本、文物藏品等（图174—176）。

目前在建的国内博物馆中，很少有将自然光引入馆内展品照明的案例。由于自然光光谱完整，其紫外线和红外线容易对展品造成损耗，所以大部分博物馆的室内照明仍旧以人工照明为主。有适当照度和较高显色性，并能在保护展品的基础上恰当营造氛围的照明灯具，才是博物馆照明设计中理想的灯具。

五、室内照明案例分析

本节简单列举照明设计的概念设计文本。根据设计单位和项目内容的不同，设计方案会有区分，设计文本并无行业标准，此处列举仅作为参考。

在照明设计概念阶段，设计师通常要对以下内容进行规划，如空间光的环境分析、照度分析、光源分布分析、照明表现手法、被照场景分析（伪色图）、灯具参数分析等。

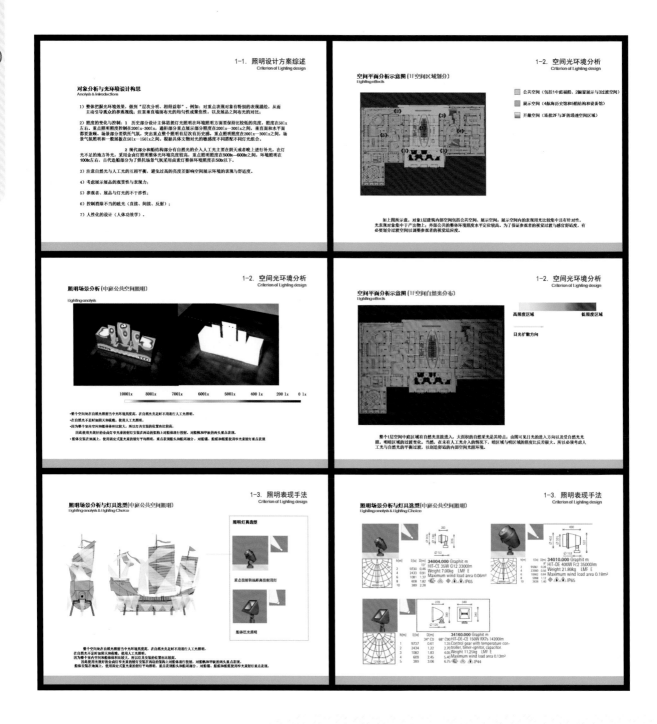

课堂思考

1. 目前主要有几种照明光源？列举出来并思考其特性。

2. 表示光源发光强度、亮度、照度等的单位是什么？通常我们以哪个单位来作为照明标准值的单位？

3. 显色性的概念是什么？在哪些项目中需要特别注意这个问题？

Chapter 6
室内家具与软装陈设

知道室内设计中的家具和软装饰物的类型。对家具与软装饰物的挑选方法和作用有所体会。

🔍 **学习重点**

----

1. 了解室内设计中的家具的类型与选择。
2. 了解室内空间的装饰物的类型和使用。

一、室内家具的选择与类型

1. 家具的类型

分类家具有不同的方法，根据材料的类型，家具可以分为木制家具、金属家具、皮质家具、塑料家具、藤制（柳条）家具、软垫家具等。根据使用空间用途的类型，家具又可以分为住宅家具、办公家具、公共家具。另外，根据家具的形态，其可以分为"带脚"式的家具或是"箱柜"式的家具（图177），或者说坐卧家具和储物家具。家具的类型虽然分法多样，但并不会影响设计师在选择家具时的初衷，归根结底，兼顾功能性与美观是设计师与业主在选择各类型家具时的重要依据。

在人类文明发展长河中，不同时代也会产生相对应的家具风格，或是浪漫，或是粗犷，又或者是精致，或者华贵，家具的样式伴随着人类生活的历史不断改变。可以肯定的是，无论未来的家具风格如何变化，对于以从事"艺术设计"为重要前提的室内设计师来说，独特的外观、定制的设计、合理的使用功能、可靠的质量以及方便的维护，都是构成优质家具的必要考量因素（图178、179）。

⒄

⒄ 家具有没有"脚"，会影响家具给人视觉上的重量感受，如上图，为增加沙发的重量感，将支脚进行遮盖。（图片来源：卡拉·珍·尼尔森著，徐军华、熊佑忠译，《美国大学室内装饰设计教程》，2008年，第216页。）

073
室内设计专业入门 Chapter 1
室内设计的工作程序与设计思考 Chapter 2
室内设计中的空间与界面 Chapter 3
室内设计中的色彩 Chapter 4
室内照明艺术 Chapter 5
室内家具与软装陈设 Chapter 6
室内装饰材料运用 Chapter 7
室内设计制图规范与表现方法 Chapter 8

178 壁炉配合红色调的沙发以及暖色的装饰,总体营造出温暖的气氛,同时沙发的体积与重量感给人以安全舒适的感受。

179 皮质沙发与藤制座椅共同构成了家具组合中的轻重层次,同时冷色调的家具配置配合其他装饰共同体现了海边清凉休闲的感受。

2. 家具的选择

在室内设计工作中,家具设置通常是设计师在项目前期的设计内容。而中后期则是如何把图纸上的家具落实到空间里,即家具的选择或定制,这也是最终考验设计执行是否成功的关键因素。

家具的主要功能是使用,同时满足使用者心理、审美、经济、生活习惯等各方面的需求。所以家具的设置离不开对"空间中活动的使用者"的理解。只有在深刻理解了"空间中活动的使用者"的基础上(图180、181),正确设置家具的目的才可能达到。

了解空间的功能性,考虑使用需求,考虑形式和样式的要求(图182)。这几个要点普遍反映了室内家具摆设的目的。比如,在住宅空间里除了对家具风格和样式要讲究以外,卧室的家具需要解决睡觉与换衣的功能,客厅的家具需要解决聚餐与聊天娱乐的功能,书房的家具需要解决阅读与堆放资料的功能等。又比如办公室、阅览室、大堂门厅、展览馆、展示商店等不同的空间,都对家具的设置提出不同的风格和功能要求,而只有充分满足空间里各种使用需求的家具,才能称得上是合理、恰当的家具。

180 181 使用者需求与空间的性质不同,要求设计师在选择家具时需要恰当合理。例如使用者关系的亲密或安全尺度的保持,对家具的摆设与选择就有所要求。(图片来源:卡拉·珍·尼尔森著,徐军华、熊佑忠译,《美国大学室内装饰设计教程》,2008年,第214页。)

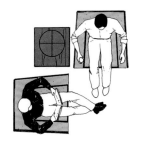
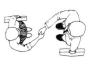

高背椅
带软垫的翼状靠背

高背椅
带软垫的翼状靠背

有靠背的长椅
曲木靠背

梯式靠背椅
雕花板靠背

梯式靠背椅
香肠状支架/灯心草坐垫

安妮女王风格，18世纪

齐本德尔风格，18世纪

索内特椅，19世纪晚期

齐本德尔风格，18世纪

美式风格，18/19世纪

有靠背的长椅
执事长椅

围手椅
弓背式

梯式靠背椅
摇椅

梯式靠背椅
凯普西恩椅

温莎公爵椅
雕花椅背

美式风格，18/19世纪

美式风格，18/19世纪

夏克尔风格，19世纪

法式乡村风格

英式风格，19世纪

开放式扶手椅
崔夫曼设计

躺椅
小马式躺椅

沃斯里长沙发椅
马塞尔·布鲁厄设计

盆状沙发椅
圆形靠背

布拉格椅，20世纪

柯勃彦式，20世纪

巴斯库兰特椅子
柯勃彦设计

当代

巴塞罗那椅子
鲁德维格·密斯·范·德罗尔设计

劳森沙发椅
圆扶手式

无扶手椅
拖鞋式沙发椅

大安乐椅
柯勃彦设计

当代

当代

182

182 不同历史时期的坐具，反映出不同时代不同的审美、工艺、造型等风格追求和成就，如今也给室内设计师提供了大量丰富的选择内容，设计师可以根据不同项目的需求来进行选择。（图片来源：卡拉·珍·尼尔森著，徐军华、熊佑忠译，《美国大学室内装饰设计教程》，2008年，第210—426页。）

075

Chapter 1 室内设计专业入门

Chapter 2 室内设计的工作程序与设计思考

Chapter 3 室内设计中的空间与界面

Chapter 4 室内设计中的色彩

Chapter 5 室内照明艺术

室内家具与软装陈设

室内装饰材料运用

室内设计制图规范与表现方法

二、室内软装饰艺术品的使用与甄选

1. 软装饰物的类型

室内软装饰艺术品指除了空间内顶棚、墙体、地面的不可移动的装饰，不可移动的家具或灯具以外的室内物品（图183），通常包含了织物（窗帘）装饰品、绿化盆景和各类摆设等。我们理解的装饰物通常是与美术作品相关的，如雕塑、绘画、陶瓷、纤维艺术、工艺作品等。室内的某些家具如果除了使用功能以外，具有了个性和美学价值，同样会在室内环境中成为视觉焦点，同时具备某些装饰作用，如镜子、陶瓷用品、餐桌用品、厨具、钟表类用品、装饰玻璃用品、具有装饰功能的灯具用品、相框照片以及能吸引观众视觉的任何"物件"（图184）。

183 软装饰物在室内形成了视觉的中心。巨大的挂画也是反映设计主题的重要组成部分。

184 软装饰物与"硬装饰"共同组成了室内环境，在软装饰物的修饰下，室内环境布置显得精致富有层次，让使用者享受到环境的舒适和华丽。

2. 软装饰物的使用原则

室内软装饰物的甄选，是一项需要耐心和艺术品位的工作。在挑选过程中，设计师原则上除了要遵循原有设计主题，还要考虑是否需要加强或弱化某些设计内容。同时，设计师还需考虑数量是否合适。软装饰物的使用数量越多，越考验设计师的总体把控能力。在住宅设计中，软装饰物能反映业主的品位和兴趣，设计师需要格外注意与业主的沟通。在公共空间中，软装饰物能为冰冷的室内空间增添"气息"，拉近与使用者的距离，加强人与空间的交流（图185）。

　　软装设计是现代室内设计中不可或缺的工作内容，在项目开始之初，设计师应当明确与业主商议，留下一定的预算用于软装饰物的选购和布置。前期有合适的预算和详尽的计划，后期的实施工作才能顺利完成。

　　目前在市场上，软装饰物的品质与价格是相互对应的，良好美学价值的装饰物，往往也是价值不菲的。但是好在国内小商品市场发达和有价格优势，这就需要设计师在选购物品的时候，注意品质、数量以及价格的关系，精于采购的设计师往往可以在三者之间寻找平衡，以最合适的方案来对室内空间进行布置。

185 在餐柜上方布置精巧的工艺瓷器，原本单调的家具通过摆设增加了活力和生气。（图片来源：卡拉·珍·尼尔森著，徐军华、熊佑忠译，《美国大学室内装饰设计教程》，2008年，第361页。）

🔍 课堂思考

1. 软装饰物对室内环境的主要作用是什么？
2. 如何在选择家具时和室内环境达成协调的效果？
3. 在布置室内家具和软装饰物的同时，设计师要注意到哪些要素？

Chapter 7
室内装饰材料运用

🔍 学习目标

学习建筑内部装饰材料的燃烧性能等级，对顶棚、墙体、地面常用的装饰材料有初步的了解。

🔍 学习重点

1.学习常用建筑内部装修材料的燃烧性能等级划分。
2.学习各部位装饰材料和顶棚、墙体、地面装饰材料的应用。
3.学习各装饰材料的特性和分类。

一、室内装饰材料燃烧性能等级简述

为保障建筑内部装修的消防安全,住房城乡建设部自1995年开始,就发布国家标准《建筑内部装修设计防火规范》(GB 50222-95),来规范适用于民用建筑和工业厂房的内部装修设计,制定了不同建筑类别、建筑规模和使用部位的装修材料的燃烧性能等级。根据中国消防协会编辑出版的《火灾案例分析》,许多火灾源于装修材料的燃烧:有的是烟头点燃了床上织物;有的是窗帘、帷幕着火后引起了火灾;还有的是吊顶、隔断采用木制品着火后,很快就被烧穿。因此要正确处理装修效果和使用安全的矛盾,积极选用不燃材料和难燃材料,对于可燃或易燃材料,可以通过阻燃处理的方式提高燃烧性能等级。

根据《建筑内部装修设计防火规范》(GB 50222-2017)(住房城乡建设部2017年7月31日以第1632号公告批准发布,是在GB 50222-95的基础上修订而成),室内装修材料的燃烧性能等级主要分为A(不燃性)、B_1(难燃性)、B_2(可燃性)和B_3(易燃性)四个等级,并做如下划分举例:

常用建筑内部装修材料燃烧性能等级划分举例

材料类别	级别	材料举例
各部位材料	A	花岗石、大理石、水磨石、水泥制品、混凝土制品、石膏板、石灰制品、黏土制品、玻璃、瓷砖、马赛克、钢铁、铝、铜合金、天然石材、金属复合板、纤维石膏板、玻镁板、硅酸钙板等
顶棚材料	B_1	纸面石膏板、纤维石膏板、水泥刨花板、矿棉板、玻璃棉装饰吸声板、珍珠岩装饰吸声板、难燃胶合板、难燃中密度纤维板、岩棉装饰板、难燃木材、铝箔复合材料、难燃酚醛胶合板、铝箔玻璃钢复合材料、复合铝箔玻璃棉板等

079

Chapter 1 室内设计专业入门　Chapter 2 室内设计的工作程序与设计思考　Chapter 3 室内设计中的空间与界面　Chapter 4 室内设计中的色彩　Chapter 5 室内照明艺术　Chapter 6 室内家具与软装陈设　Chapter 7 室内装饰材料运用　Chapter 8 室内设计制图规范与表现方法

墙面材料	B₁	纸面石膏板、纤维石膏板、水泥刨花板、矿棉板、玻璃棉板、珍珠岩板、难燃胶合板、难燃中密度纤维板、防火塑料装饰板、难燃双面刨花板、多彩涂料、难燃墙纸、难燃墙布、难燃仿花岗岩装饰板、氯氧镁水泥装配式墙板、难燃玻璃钢平板、难燃PVC塑料护墙板、阻燃模压木质复合板材、彩色难燃人造板、难燃玻璃钢、复合铝箔玻璃棉板等
	B₂	各类天然木材、木制人造板、竹材、纸制装饰板、装饰微薄木贴面板、印刷木纹人造板、塑料贴面装饰板、聚酯装饰板、复塑装饰板、塑纤板、胶合板、塑料壁纸、无纺贴墙布、墙布、复合壁纸、天然材料壁纸、人造革、实木饰面装饰板、胶合竹夹板等
地面材料	B₁	硬PVC塑料地板、水泥刨花板、水泥木丝板、氯丁橡胶地板、难燃羊毛地毯等
	B₂	半硬质PVC塑料地板、PVC卷材地板等
装饰织物	B₁	经阻燃处理的各类难燃织物等
	B₂	纯毛装饰布、经阻燃处理的其他织物等
其他装修装饰材料	B₁	难燃聚氯乙烯塑料、难燃酚醛塑料、聚四氟乙烯塑料、难燃脲醛塑料、硅树脂塑料装饰型材、经难燃处理的各类织物等
	B₂	经阻燃处理的聚乙烯、聚丙烯、聚氨酯、聚苯乙烯、玻璃钢、化纤织物、木制品等

* 具体使用细则，详见中华人民共和国国家标准GB 50222-2017。

二、室内装饰材料的使用

　　早期人类使用的装饰材料多是自然界中的天然材料，如天然石材、丝麻等。但随着人口数量的增长、自然资源的减少和工业化生产工艺的逐步革新，越来越多的人造材料已被广泛运用到各项工程中。

　　本节梳理了上表中提到的部分常用装饰材料，且根据材料类别来做进一步细分。

　　各部位材料：天然石材（花岗岩、大理石）、人造石材（岗石、环氧磨石）、水泥制品（清水混凝土、清水混凝土板）、瓷砖类（瓷砖、瓷砖大板）、金属板（钢板、铝板）。

　　顶棚材料：纸面石膏板（普通纸面石膏板、耐水纸面石膏板、耐火纸面石膏板、穿孔石膏板）、装配式吸音板（矿棉装饰吸声板、岩棉装饰吸声板）。

　　墙面材料：墙饰（墙纸、墙布）、成品木饰面。

　　地面材料：实木（复合）地板、弹性地材（PVC地板、亚麻地板、橡胶地板）。

1. 各部位材料

（1）天然石材

　　天然石材是一种常用的装饰材料，它从天然岩石中开采出来，被加工成块状或板状的材料后用于安装和铺贴。天然石材最大的特性，就是外观浑厚、典雅，给人一种高级感。在板块大小可允许的范围内，具体尺寸也可以根据现场的实际所需来任意切割。按照其特性，天然石材分为花岗岩和大理石两种。

花岗岩：花岗岩是一种非常坚硬的粒状结晶质火成岩岩石，主要组成矿物为长石、石英、黑白云母等。它的密度很高，耐划痕和耐腐蚀，易于保养，非常适合用于地面、卫生间和厨房台面等。花岗岩有几百个品种，较大理石而言，花色更为含蓄、素雅。按照不同的设计要求，其表面也可以做不同手法的处理，如抛光、荔枝、火烧和斧劈处理等（图186）。除了用在室内空间中，花岗岩还适用于室外广场地面和建筑外幕墙装饰等。

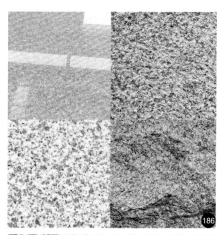

186 花岗岩的抛光、荔枝、火烧和斧劈面

187 各色大理石

188 山水画大理石（图片来源：www.baidu.com）

189 大理石制品家具（图片来源：www.natuzzi.cn）

大理石：大理石是指沉积的或变质的碳酸盐岩类岩石，是石灰石的衍生物（图187）。大理石色泽纹理多样，有些大理石板块经切割后，甚至可以形成一幅完整的水墨山水画面，俗称山水画大理石（图188）。大理石的花色高贵优美，所以是会所、酒店和别墅等室内装修的首选材料，也是室内家具及工艺品制作的常用材料（图189）。但由于大理石质地较为疏松，容易有划痕或被酸性物质腐蚀，且使用和维护成本都较高，所以不适于用在户外。当大理石完成干挂或铺贴后，需要做石材晶面处理，以在表面形成一层清澈、致密的保护层，起到增加大理石硬度和光泽度的作用。有些容易被污染的部位还需要涂防护剂，使大理石具有防水、防污、耐酸碱、抗老化、抗侵蚀等特点，从而延长使用寿命。

081

Chapter 1 室内设计专业入门　Chapter 2 室内设计的工作程序与设计思考　Chapter 3 室内设计中的空间与界面　Chapter 4 室内设计中的色彩　Chapter 5 室内照明艺术　Chapter 6 室内家具与软装陈设　Chapter 7 室内装饰材料运用　Chapter 8 室内设计制图规范与表现方法

小贴士

关于杜邦：可丽耐（Corian）是世界上第一块人造石实心面板材料，由美国杜邦公司（DuPont，全称E.I.du Pont de Nemours and Company）于20世纪60年代中期研究发明。杜邦可丽耐已有40多年的历史，因其具有耐高温、耐冲击性、非渗透性、色彩美观等特点，被广泛地应用于橱柜台面、室内外墙面、家具等空间，至今仍是实心面材类的顶级殿堂品牌，以至于有些其他品牌的同质板材也被称为"杜邦板"。

（2）人造石材

人造石又称为合成石，随着自然资源的逐渐减少和装饰材料生产工艺的逐步改良，人造石材产业得到了快速的发展。室内装饰工程中采用的人造石材主要是树脂型的。树脂型人造石材以不饱和聚酯树脂为胶结剂，与天然大理石碎石、石英砂等按一定的比例配合后加入外加剂，经混合搅拌、固化脱模、表面抛光等工序加工成板材。人造石材的铺装方式也类似于天然石材，如水泥铺装、胶泥黏接、胶粘、干挂等均可。

岗石：我国天然石材资源虽然十分丰富，但是成材率仅为30%左右，其余均为大量碎石，造成资源严重浪费。而在岗石的主要原材料中，天然大理石碎料含量达到92%以上，可将碎石变废为宝，所以生产岗石对合理利用石材资源具有十分重要的意义。岗石在生产的过程中，也可按要求添加贝壳、玻璃等材料作为点缀物来丰富色泽和纹样的变化。岗石保留了天然石高贵、典雅的特性，较天然大理石而言，更具有色泽艳丽、颜色可控、抗压耐磨、绿色环保、品质稳定等特点，深受设计师喜爱，已广泛运用于商场、机场等大型公共建筑的室内墙地面装修（图190—192）。岗石的表面处理方式类似于大理石，铺贴完成后同样需要做晶面处理，来增加其使用强度。

190 各色岗石

191 各色岗石

192 岗石——绿城留香园生活体验馆（云仕美品牌提供）

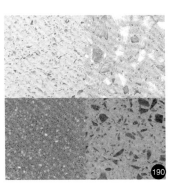

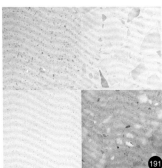

人造石：人造石指的是人造石材中的一个种类，1965年美国杜邦公司以甲基丙烯酸甲酯为黏合剂，配以天然大理石、方解石、玻璃等无机粉料，制造出一种新型的复合材料，学名为Solid Surface，译名为实体面材，俗称人造石。后来英国Wellstone公司用不饱和树脂代替甲基丙烯酸甲酯生产人造石，降低了人造石的生产成本，使人造石的生产及使用得到了普及和推广。

人造石常用于家庭厨卫、医院护士站、商场咨询处等空间的台面装修，它的优点在于具有极强的密拼效果，同材质的胶黏剂将两块人造石黏接后打磨，接缝处可做到毫无痕迹。人造石材相对岗石也更耐磨、耐酸、耐高温，并可反复打磨翻新，其强度高于岗石，但不及石英石，花色纹理也较为简单朴素（图193—194）。

193 人造石（图片来源：www.baidu.com）

194 人造石台面（图片来源：www.baidu.com）

石英石：石英石属于人造石的一个种类，是全新的人造石产品，如图195。它是以天然石英结晶体矿为主要原料，通过引进进口的全自动化控制生产技术设备，在高温高压状态下制成的装饰面板。它的优点在于有极高的强度和抗污性，在保证高硬度、耐高温、耐酸碱和易清洁的基础上，无任何对人身体有害的放射性元素。目前市场上顶级的超硬环保复合石英板材，其中天然石英含量可高达93%。石英石像花岗岩一样坚硬，色彩像大理石一样丰富，结构像玻璃一样紧密，可应用于厨卫台面和室内空间的墙、地面。它的缺点在于拼缝处相对较为明显，价格也较高。

环氧磨石：环氧磨石是利用绿色环保天然石子、可再生的透明玻璃、石英石、贝壳等筛选的骨料，配合绿色高分子黏结剂（天然透明的环氧树脂、聚氨酯、特种水泥等），经过现场摊铺、研磨、抛光而形成的地面系统。其特点是A级防火、环保、地面整体无缝、耐磨、耐重压、抗渗透、经久耐用、易于维护。色彩造型可根据设计要求定制施工，基本是干作业，无须水磨，不会产生二次污染（图196—197）。

环氧磨石和传统水磨石的区别在于：①环氧磨石用设备干磨研磨，整体环境比较干净整洁，造型可整体无缝，不容易开裂；水磨石用水磨，每隔1

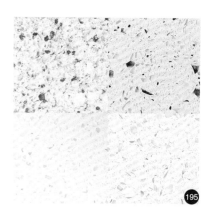

195 各色石英石

196 环氧磨石——杭州潘功私塾项目（艾德卡品牌提供）

197 环氧磨石——合肥悦方商业综合体（艾德卡品牌提供）

083

Chapter 1 室内设计专业入门

Chapter 2 室内设计的工作程序与设计思考

Chapter 3 室内设计中的空间与界面

Chapter 4 室内设计中的色彩

Chapter 5 室内照明艺术

Chapter 6 室内家具与软装陈设

Chapter 7 室内装饰材料运用

Chapter 8 室内设计制图规范与表现方法

198 199 环氧磨石（艾德卡品牌提供）和传统水磨石质感的比较（图片来源：www.baidu.com）

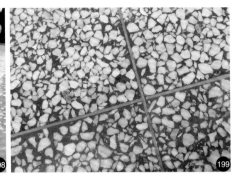

米~2米必须切缝处理，否则后期容易开裂。② 环氧磨石颜色比较丰富，抗渗透，耐腐蚀；水磨石抗渗性比较差，时间长了容易风化和表面剥离。③环氧磨石分垫层和面层两部分分别施工，平整度高，各种设计元素可塑性比较强；水磨石主要是石子和水泥一起浇筑，再通过不断水磨而成型。④环氧磨石可预制成板材以"干挂"工艺上墙铺设，传统水磨石不能做此工艺（图198—199）。

（3）混凝土制品

清水混凝土：清水混凝土指的是混凝土表面不做装饰层，要求一次浇注成型，直接显露出混凝土的本来面目。普通混凝土需要做装饰层，使用胶合板模板，通常会粗糙些；清水混凝土会用精加工的木模板和更细腻的混凝土配比，所以拥有更细腻的质感。清水混凝土表面平整光滑、色泽均匀、棱角分明，具有抗紫外线辐照，耐酸、碱、盐腐蚀，质地柔、轻、耐久等诸多特点，经常用于建筑及室内装饰领域。清水混凝土具有朴实无华、自然沉稳的外观韵味，体现的是"素面朝天"的美学品位。世界上越来越多的建筑师采用清水混凝土

200 201 扎哈·哈迪德的作品，沃尔夫斯堡科学城（许悦拍摄）

202 203 安藤忠雄的作品，维拉特会议中心（许悦拍摄）

工艺，如世界级建筑大师扎哈·哈迪德、贝聿铭、安藤忠雄等都在他们的作品中大量地采用了清水混凝土，做到室内外建筑及装饰材料为一体的设计（图200—203）。

　　清水混凝土板：不仅仅是建筑师，室内设计师也对清水混凝土材料表现出极大的好感。随着工业的发展和顺应时代的需求，清水混凝土板应运而生。清水混凝土板又称纤维水泥板、清水饰面板，由波特兰水泥和植物纤维构成，能达到仿清水混凝土的艺术效果。清水混凝土板A级防火，稳定性强，防水防潮，可任意裁切、穿孔、打磨，并且可以做雕刻凹凸、镂空等各种造型。色泽自然大方，板面两面纹理不同，粗面纹路具有立体美感，细面纹路质感细腻。清水混凝土板安装便利，可胶贴可干挂，广泛应用于办公空间、商场、院校、展馆等场所，也可用于建筑外幕墙装饰中（图204—206）。

204 复兴公园PARK97（绿活品牌提供）

205 韩国PRUGIO展示馆外立面（MALEX品牌提供）

206 杭州英飞特E区健身房室内（齐晓韵设计）

（4）瓷砖类

　　瓷砖：瓷砖是以天然黏土、石英砂等为原料烧制成的薄板状的、耐酸碱的瓷质或石质装饰材料。室内墙地砖常用规格为300mm×450mm、300mm×600mm、600mm×600mm、600mm×1200mm、800mm×800mm等。它的优点是防火、防水、防腐、耐磨、耐化学腐蚀性，色泽和尺寸稳定，热能效高（方便配合地暖使用）；它的缺点是制成大块的板材后成本较高、抗冲击力较弱、无木地板脚感好。其按照材质分为瓷质砖和陶土砖，按照表面效果分为亚光、半抛和全抛砖，按照风格分为现代砖、仿古

207 纯色墙地砖（美生雅素丽品牌提供）

208 纯色墙地砖（美生雅素丽品牌提供）

085

Chapter 1 室内设计专业入门　Chapter 2 室内设计的工作程序与设计思考　Chapter 3 室内设计中的空间与界面　Chapter 4 室内设计中的色彩　Chapter 5 室内照明艺术　Chapter 6 室内家具与软装陈设　Chapter 7 室内装饰材料运用　Chapter 8 室内设计制图规范与表现方法

209 布纹地砖（美生雅素丽品牌提供）

210 布纹地砖（美生雅素丽品牌提供）

211 仿木纹和石材地砖（美生雅素丽品牌提供）

212 仿木纹和石材墙地砖（美生雅素丽品牌提供）

砖，按照工艺分为挤出砖、压制砖。瓷砖早年多用于卫生间、淋浴房、厨房等涉水区域（图207—208），为了装饰的美观，设计师还可选择腰线和花片来辅助造型。但近几年随着技术的发展，表面各种肌理效果的瓷砖应运而生，仿木纹和石材的瓷砖已经可以做得极为逼真，每年设计的持续更新让瓷砖展现出精美的装饰效果（图209—212）。

　　瓷砖大板：瓷砖已作为一种常用装饰材料被广泛使用，但是瓷砖的规格小和分量重也限制了它的应用潜力。随着技术的革新和分层压制技术的引进，现代工艺已经可以做到湿磨加工天然原材料混合物后制作成颗粒并压实，然后在混合炉中以1300℃合成，最后裁出瓷砖大板。大板常用规格为160mm×320mm，常用厚度为5.6mm，超薄厚度仅为3.5mm，在保留瓷砖机械强度与美观的同时，拓宽了瓷砖的应用范围，为建筑和室内设计领域的创新提供了巨大的潜能。由于厚度的减少，薄板的重量更轻，使得切割和搬运都更为便利，在缩短工期的同时，还可节约大量的资金（图213—214）。

213 214 仿石材瓷砖大板（美生雅素丽品牌提供）

（5）金属板

钢板：随着钢板的表面处理工艺日益精湛，现在经过各种印刷、辊涂工艺处理的钢板已经被广泛运用到室内装修中，按生产工艺可分为喷涂钢板、覆膜钢板、转印钢板、辊涂钢板、印刷合金板、铝板等。

①喷涂钢板：喷涂钢板一种是手工喷涂，由前线操作人员对产品的表面直接进行喷油，目前应用于自动喷涂后不良品的手工喷涂处理；另一种是全自动喷涂，将需要喷涂加工的产品固定在可转动的支架上，然后将支架锁定在流水线上，通过流水线的移动和可转动支架的不停地旋转，达到100%均匀喷涂产品表面（图215—216）。

②覆膜钢板：覆膜板是在合金基材上面覆一层高光膜或幻彩膜，再在板面上涂覆专业黏合剂后复合而成的。

③转印钢板：转印技术是一种采用相应的压力将中间载体上的图文转移到承印物上的印刷技术，可以分为水转印和热转印。水转印利用水的压力和活化剂使水转印载体薄膜上的剥离层溶解转移；热转印就将花纹图案印刷到耐热性胶纸上，通过加热、加压，将油墨层的花纹图案印到成品材料上的一种技术（图217）。

④辊涂钢板：以转辊作涂料的载体，涂料在转辊表面形成一定厚度的湿膜，然后借助转辊在转动过程中与被涂物的接触，将涂料涂敷在被涂物的

215 静电粉末喷涂钢板建成效果（阿姆斯壮品牌提供）

216 静电粉末喷涂钢板（阿姆斯壮品牌提供）

217 木纹热转印钢板（阿姆斯壮品牌提供）

218 预辊涂钢板（阿姆斯壮品牌提供）

219 预辊涂钢板建成效果（阿姆斯壮品牌提供）

215

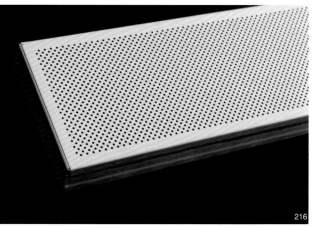

216

217

218

219

087

Chapter 1 室内设计专业入门　Chapter 2 室内设计的工作程序与设计思考　Chapter 3 室内设计中的空间与界面　Chapter 4 室内设计中的色彩　Chapter 5 室内照明艺术　Chapter 6 室内家具与软装陈设　Chapter 7 室内装饰材料运用　Chapter 8 室内设计制图规范与表现方法

表面。其特点是环保性能好、防火、耐腐蚀、色彩均匀、纹路逼真（图218—219）。

　　⑤印刷合金钢板：其结合了辊涂和印刷的技术，采用的是油墨印刷技术，经过三辊三涂的工艺，经过多次在250℃左右的高温下进行烘烤，多次负离子冷却，然后用特质印刷辊在表面印制多种纹路、色彩，再以封层漆辊涂、烘烤、冷却而成，是更优于辊涂钢板的一种材料。印刷合金钢板作为一种新型材料，因其无甲醛、绿色环保、艺术表现力强烈等特点，广泛用于建筑、装饰、家电、电梯等领域（图220）。

　　铝板：铝板是公共建筑室内顶面和墙面的常用材料。它的优点是易塑形，可以完成曲面、穿孔等具有艺术感的造型；适温性强，可在较大的温度变化下保持性能稳定；重量轻、强度高，能耐酸、碱、盐雾的侵蚀，可用于建筑外幕墙装饰；铝板无毒环保，不散发刺鼻气味；安全防火，表面燃烧性能等级为A级；色彩丰富繁多，可按设计要求定制；用于人流量较大的公共空间时，可将铝板穿孔，在背面覆加一层吸音面纸或黑色阻燃无纺布，以达到吸音的效果（图221—226）。

220 印刷合金钢板——表面可完成肌理、木纹、锈板等多种艺术效果（筑匠品牌提供）

221 222 223 上海江森自控亚洲总部——穿孔铝板（阿姆斯壮品牌提供）

224 医疗大学办公楼区——木纹转印铝板（阿姆斯壮品牌提供）

225 226 美国 VGM 学校——铝挂片（阿姆斯壮品牌提供）

2. 顶棚材料

（1）纸面石膏板

纸面石膏板是以建筑石膏为主要原料、以掺入添加剂的纤维为板芯、以特制的板纸为护面，经加工制成的板材。其主要用于室内装饰装修工程中的吊顶、隔墙等部位。石膏板完成后一般需要再上一底两面或两底三面的乳胶漆。装饰工程中常见的纸面石膏板有以下几类：

普通纸面石膏板：普通纸面石膏板为象牙白色面纸和灰色背纸，适用于无特殊要求的使用场所（图227、228）。因为价格的原因，工程中常用9.5mm厚的普通纸面石膏板来做吊顶或隔墙，但是由于9.5mm厚的纸面石膏板强度不高，容易发生变形，因此在造价允许的情况下，建议选用12mm或者双层9.5mm厚纸面石膏板。

耐水纸面石膏板：耐水纸面石膏板为绿色面纸和绿色背纸（图229），其石膏板芯和护面纸均经过了防水处理。它吸水率为5%，能够适用于湿度较大的区域，如卫生间、淋浴室和厨房等。早年室内涉水区顶面多使用铝扣板，但铝扣板装饰效果不佳，且容易泛黄，陈旧后不易更换。近年来用耐水纸面石膏板做吊顶的卫生间越来越多，陈旧时重新涂刷乳胶漆即可，维护更为方便。

227 普通纸面石膏板（图片来源：www.baidu.com）

228 普通纸面石膏板用于安装（可耐福品牌提供）

229 耐水纸面石膏板（可耐福品牌提供）

耐火纸面石膏板：耐火纸面石膏板为红色面纸和灰色背纸，其板芯内增加了耐火材料和大量玻璃纤维。这种板材通过了20分钟耐火极限的测试，在火势蔓延的情况下，在一定时长内能保持建筑结构的完整，从而起到延缓石膏板坍塌和阻隔火势蔓延的作用，适用于防火要求较高的空间。

穿孔石膏板：穿孔石膏板又称穿孔石膏吸音板，是指在石膏板正面和背面均有贯通的圆形或方形孔眼，且在石膏板背面粘贴能吸收入射声能的吸声材料（图230、231）。该材料在满足吸音要求的同时，亦可满足特殊的空间装饰效果。和其他纸面石膏板不同的是，穿孔石膏板后期施工不需做满批腻子，做好接缝、完成底漆后，上两遍涂料即可。

230 231 穿孔石膏板顶面（可耐福品牌提供）

（2）装配式吸音板

矿棉装饰吸音板：矿棉装饰吸音板简称湿法矿棉板，是以矿渣棉、粒状棉、岩棉等为主要原料，以湿法高温高压蒸挤切割制成的可装配式吸音天花，不含石棉成分，燃烧性能等级一般为 B_1、A_2。表面使用压针孔或微孔以增加其吸音性能，有无规则孔和微孔等多种纹理选择，可涂刷各种色浆，但常规使用以白色居多。

矿棉板是非常常用的办公空间顶面装饰材料（图232—235），其因价廉、满足防火基本要求、有一定的吸音性、可模块化安装，已经有很长时间的使用历史。常用板块规格为600mm×600mm，600mm×1200mm，300mm×1200mm等，在数据范围内可任意分割尺寸；但考虑到湿法制作对于防潮性能略有影响，所以当使用大规格尺寸时应考虑到地域环境的湿度。

市面上有防潮性较高的RH99矿棉板（俗称99板），价格成本会高一些。矿棉装饰吸音板也有洁净板，但并不意味可以完全运用到洁净室中，这里大家

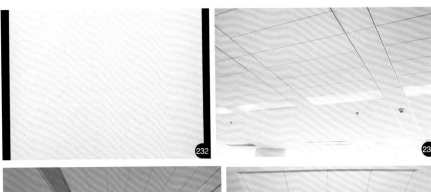

232 矿棉板，极品系列（阿姆斯壮品牌提供）

233 234 北京人寿金融大厦，半明暗架系统（阿姆斯壮品牌提供）

235 沈阳机器人工厂，明架系统（阿姆斯壮品牌提供）

089

Chapter 1 室内设计专业入门　Chapter 2 室内设计的工作程序与设计思考　Chapter 3 室内设计中的空间与界面　Chapter 4 室内设计中的色彩　Chapter 5 室内照明艺术　Chapter 6 室内家具与软装陈设　Chapter 7 室内装饰材料运用　Chapter 8 室内设计制图规范与表现方法

需要注意的是GB/T 25998-2010中没有关于洁净的参数,请参考建筑用途设定中对于洁净标准的不同要求。

岩棉装饰吸音板:岩棉装饰吸音板简称干法板,又称吸声憎水型岩棉板,是以玄武岩中的辉绿岩为主要原材料,经冲天炉熔化后由四辊离心机高速离心成纤,再经高温固化、切割制成的一种矿物棉装饰吸音板(图236—240)。其标准规格为600mm×600mm,600mm×1200mm,600mm×1800mm,600mm×2400mm。其因质轻、不易吸潮下坠,标准板块规格相较矿棉板会更大些;其燃烧性能等级为A_1、A_2,吸音和防水效果相较矿棉板更优,价格相较矿棉板也更高些;其板材外观与矿棉板类似,吸音板与龙骨的悬挂系统也分为明架式、半暗架式和暗架式三种,和矿棉板做法一致。由于岩棉板具有防火、防水、吸声降噪、防菌抗霉等一系列优点,其市场使用量有逐年增长的趋势。但岩棉装饰吸音板由于高纯净度原材料及国内生产技术等限制,目前产品多为成品进口。

岩棉板与矿棉板的性能比较

	岩棉板	矿棉板
防火等级	A_1或A_2	B_1或A_2
燃烧性能	1000℃,2小时,不产生浓烟	产生浓烟,板块炭化、碎裂
NRC	0.65 ~ 1.0	0.4 ~ 0.7
防潮性	防潮	吸潮后易下陷
体积密度	< 200 Kg/m³	< 500 Kg/m³
表面纹理	细致,无机械穿孔	大部分为机械穿孔
抗菌防霉	不含有机质,不滋生细菌、霉菌	含有机质,易滋生细菌、霉菌
切割性	易切割,边缘平整	较难切割,边缘较粗糙,易掉渣
价格	略贵	略便宜

236 237 岩棉板,暗架板材(洛科丰品牌提供)

238 239 240 哥伦比亚医院岩棉板吊顶,暗架系统(洛科丰品牌提供)

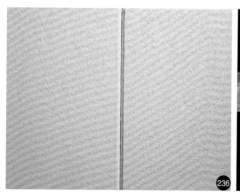

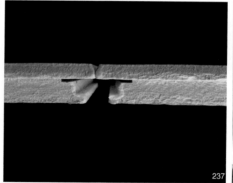

3. 墙面材料

（1）墙饰

墙纸：墙纸也称为壁纸，是一种高端样板房、高端会所和酒店项目常用的裱糊墙面的室内装修材料。壁纸具有极强的艺术表现力（图241），且有一定的强度、韧度和较好的抗水性能。壁纸分为很多类，如全纸壁纸（俗称纯纸）、织物壁纸、木纤维壁纸（俗称无纺布）、金属壁纸（金箔、银箔）和玻纤壁纸（俗称PVC墙纸）等。

全纸壁纸是应用最早的壁纸。其缺点是耐水性相对比较弱，对墙面和空气湿度的要求比较高；其优点是色彩鲜明，图案清晰细腻。目前市场上主要受众群体是美式风格爱好者。无纺布壁纸起源于欧洲，从法国开始流行，是最新型最环保的材质，占全国60%以上的市场份额，是江浙沪地区的首选。织物壁纸是较高等级的品种，主要以丝、毛、棉、麻等纤维为原料织制而成，具有质地柔和、色泽高雅、纹理多样和富有弹性的特性，同时易于保养和擦洗。

241 壁纸的花色繁多（玛堡品牌提供）

091

Chapter 1 室内设计专业入门

Chapter 2 室内设计的工作程序与设计思考

Chapter 3 室内设计中的空间与界面

Chapter 4 室内设计中的色彩

Chapter 5 室内照明艺术

Chapter 6 室内家具与软装陈设

Chapter 7 室内装饰材料运用

室内设计制图规范与表现方法

墙布: 墙布也称为壁布, 是一种裱糊墙面的织物（图242、243）。墙布严格来讲属于壁纸范畴, 只是它在基材或面材上加入了棉麻或天然纤维, 相较于壁纸有更好的抗拉伸性。但在印刷效果上, 壁纸的着色性能更佳, 也更具有艺术表现力。

墙布分为无缝墙布和布基墙布（有缝墙布）两种, 布基墙布因其背面的布基为十字形, 业内也常称为"十字布基"。无缝墙布高度为2.7m ~ 3m, 采用无缝粘贴, 解决了施工中因织物拼接对不上图案而产生明显接缝的通病; 布基墙布的成品宽度大, 可以减少接缝数和避免接缝色差的质量问题, 也有较强的抗冲击性和抗撕裂性。

 242 243 墙布（玛堡品牌提供）

（3）成品木饰面

成品木饰面, 是指将木饰面经过装饰施工, 固定在模板基层上。在装饰施工过程中, 木饰面生产厂家的专业深化设计师, 把施工现场需完成木饰面的部分根据室内装饰施工图纸的造型, 进行整理归纳和施工图深化, 制作成加工图, 由家具厂根据加工图进行生产制作, 然后在现场安装。

相对于其他的装饰材料, 木饰面具有不易导热、质轻、有温润感和品质感等优点, 是会所、酒店等装饰工程的必选材料。和传统装修的现场木作相比, 成品木饰面的优点为: 采用标准化、系列化的构件拼装生产工艺流程, 生产过程受到工厂化生产的严格监控, 从而可以确保产品的质量稳定; 设计师根

244 科技木皮、天然木皮（TABU品牌提供）

 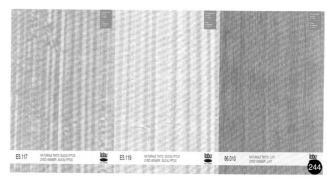

093

Chapter 1　室内设计专业入门

Chapter 2　室内设计的工作程序与设计思考

Chapter 3　室内设计中的空间与界面　室内设计中的色彩

Chapter 4

Chapter 5　室内照明艺术

Chapter 6　室内家具与软装陈设

Chapter 7　室内装饰材料运用

Chapter 8　室内设计制图规范与表现方法

245 246 247 马尔代夫酒店室内成品木饰面
（科定品牌提供）

据现场尺寸定制的木饰面产品与现场完全贴合，尺寸更为严谨；减少施工现场作业环节，简化工艺流程，缩短施工工期；减少现场油漆和黏合的工作，避免对室内空气的污染，更环保；木皮花色的选择更为多样（分为天然木皮和科技木皮），通过不同油漆面的表现，使室内空间具有更丰富的艺术效果（图244—247）。

4. 地面材料

（1）实木（复合）地板

　　木地板分为实木地板、实木复合地板、强化复合地板和拼花木地板等。实木地板是由天然木材经烘干、加工后形成，保持了木材的本色韵味，脚感舒适，但容易受环境影响起翘和变形；实木复合地板保留了实木的面层，但基层是由不同树种的板材交错层压而成，稳定性更好，并保留了实木地板的自然纹理和舒适的脚感（图248—249）；强化复合地板是用木屑和胶水加工制成的一种高密度电脑木纹印花板材，因打散了原来木材的组织和破坏了湿胀干缩的特性，具有尺寸稳定、耐磨、价廉等特点（图250）；拼花木地板是利用不同色彩和树种的木皮进行拼接，在地板表面呈现出各种图案，从而达到变幻多彩的装饰效果（图251）。

248 249 实木复合地板实景（ITLAS 品牌提供）

250 强化复合地板实景（ITLAS品牌提供）

251 拼花地板样块（图片来源: www.baidu.com）

常用木地板分为空铺和实铺两种。空铺木地板一般为实木地板或实木复合地板，由地龙（木龙骨）、水平撑和面层地板三部分组成。其中空气间层应与外部连通，保证空气的流通。实铺地板为强化复合地板等，是将木龙骨钉直接钉在钢筋混凝土楼板上。相比空铺地板，其脚感较硬，但成本较低。

（2）弹性地材

弹性地材是指材料在受压后产生一定程度的变形，当负载消除后能很快回复到原有厚度的地面材料。弹性地板根据材质不同可分为聚氯乙烯（PVC）地板、亚麻地板和橡胶地板。弹性地板具有静音、质轻、耐磨、耐污染、易安装、易保洁、脚感舒适、花色多样、材料环保而且可回收利用等特点。

弹性地材目前在室内装饰领域的运用非常广泛，可在原始建筑混凝土地面上找平后直接铺设，也特别适用于改造项目，可直接铺设在原有地面材料上（在原地面平整度满足地胶板施工要求的前提下），如地板、地砖和石材等。弹性地板不适用于室外的环境，也不适用于经常受到重度荷载或对地面有严重刮擦的区域，如物流中心、大型仓库、公共建筑的入口处和铁路运输车站等。

PVC地板：PVC地板是国际上非常流行的一种新型轻体地面装饰材料（图252—257）。其具有价廉、花色种类多、易维护等特点，是弹性地材中应用最广泛的一个门类。从结构上分，其主要分为多层复合型、同质透心型及半同质体型三种；从形态上分，其主要分为卷材地板和片材地板两种。PVC商用地板总厚度有1.6mm～3.2mm，运动地板总厚度有2mm～8.3mm不等（图258—260）。

⑳ 仿石纹 PVC 地板（维东品牌提供）

⑳ 仿木纹 PVC 地板（维东品牌提供）

⑳ 仿木纹 PVC 地板实景（阿姆斯壮品牌提供）

⑳ ⑳ ⑳ 各色 PVC 地板（得嘉品牌提供）

⑳ ⑳ ⑳ PVC 运动地板（得嘉品牌提供）

亚麻地板：亚麻地板是采用纯天然的材料制成的弹性地板。它的制造工艺是以木屑粉加石灰石粉和矿物颜料，以亚麻籽油为黏合物主材，挤压成形。它背附一层亚麻网，会散发一种亚麻籽油混合木香的淡淡味道，有助于人体呼吸。从厚度上分，其大致分成2.0mm和2.5mm两种。有少数产品是高厚度的，如3.2mm，甚至更厚。亚麻地板环保性能极佳，但相对于国内的医院、学校、办公楼等高人流量的环境，亚麻地板更适合用于人流量较少、较干净的环境（图261—263）。

⑳ ⑳ ⑳ 各色亚麻地板（阿姆斯壮品牌提供）

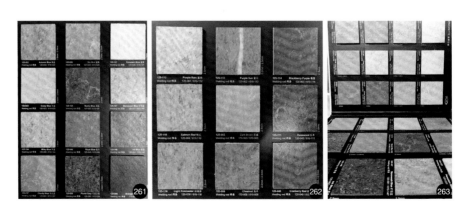

095

Chapter 1 室内设计专业入门　Chapter 2 室内设计的工作程序与设计思考　Chapter 3 室内设计中的空间与界面　Chapter 4 室内设计中的色彩　Chapter 5 室内照明艺术　Chapter 6 室内家具与软装陈设　Chapter 7 室内装饰材料运用　Chapter 8 室内设计制图规范与表现方法

　　橡胶地板：橡胶地板是由天然橡胶、合成橡胶和其他成分的高分子材料加工制成的地板，是一种可再生资源。橡胶有很强的吸色性，着色比较困难，所以橡胶地板颜色鲜明亮丽，但花色较为单一（图264—267）。橡胶地板质感柔软，脚感舒适，除适用在居家空间、老年人活动中心和儿童游乐场馆外，更可用于对耐磨性能要求极高的场所，如机场等。但由于其价格高昂，市场占有量不是太大。橡胶地板的常用块材规格为500mm×500mm、600mm×600mm、1000mm×1000mm等，常用卷材规格为1220mm×15000mm、1920mm×15000mm等，厚度为2.0mm、2.5mm、3.0mm、3.5mm等。

264 265 266 267 各色橡胶地板（阿姆斯壮品牌提供）

不同材质的弹性地材的适用范围

使用区域		适用范围	适用产品
健康环境	医院	住院楼、门诊诊室、手术室	PVC地板
	养老院	室内	PVC地板、亚麻地板
	疗养院	室内	PVC地板、亚麻地板
	实验、化验室	所有	PVC地板
教育环境	学校	教室、走道、食堂	PVC地板、亚麻地板、橡胶地板
	图书馆	阅览室、走道	亚麻地板
	博物馆	展厅、报告厅	亚麻地板
	文化艺术中心	展厅、报告厅	亚麻地板、橡胶地板
办公环境	行政楼	办公室、走道	亚麻地板
	商业办公大厦	房间	亚麻地板、PVC地板
	对外办公中心	公共区域，办公区域（非高人流）	橡胶地板
零售业	专卖店	展示区	PVC地板
	超市	售货区	PVC地板
轻工业环境		厂房（非重载）、办公室	PVC地板
机场		航站楼	橡胶地板

🔎 课堂思考

- - - - - - - - - - - - - - - - - - - -

1. 简述建筑内部常用的 A 级材料和 B_1 级材料。

2. 选择一两种自己熟悉的材料来做一下简述，说说在哪些建筑物中看到过它们，它们被应用在哪些部位。

3. 选择一两种自己感兴趣的材料，考察一下它们的加工厂或代理商，看看实物，听听专业人士对它们的讲解，使自己对材料有更全面的了解。

Chapter 8
室内设计制图规范与表现方法

📍 **学习目标**

充分学习室内设计的制图方法，掌握制图规范、制图方法。了解概念设计的表现方式。

📍 **学习重点**

1. 掌握室内设计的制图规范。
2. 掌握室内设计概念的表现方法。

一、室内设计制图规范

制图工作是每一位立志从事室内设计的学习者都必须去牢牢掌握的一门技术。如果说在空间创造和界面装饰上尚需要设计者的艺术想象和创意发挥，等设计进行到了制图的阶段，就需要设计师严谨地计划并严格地执行制图的规范。制图的主要目的是用于建造，制图的原则是清楚地表明设计成果，让建造者能正确读取图纸信息。图纸上对尺寸的精确标注、图例的正确标识、细部的强调标明等，都是为了最终施工完成对象的准确。另外，图纸的准确和规范也是项目前后造价结算与法律追责的依据。所以正确、合规、表达清晰的图纸会为项目执行工作带来巨大的帮助。

目前在我国的行业标准中，已经出台了《房屋建筑室内装饰装修制图标准》（图268），不熟悉或不确定制图标准的设计师可以常备，需要时能及时查阅。另外，国家颁布的各种国标法规，例如消防、照明、建筑通则等（图

📍 **小贴士**

AUTOCAD 是用来绘制设计图纸的常用软件。国内设计院、高校、各大设计单位等专业人员普遍使用该软件进行绘图。AUTOCAD 每年会进行版本的更新，设计师可以通过很多更新的工具使得作图过程更加简便与具有效率。

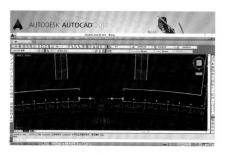

268　《房屋建筑室内装饰装修制图标准》

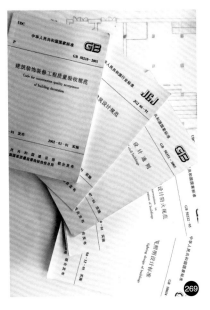

269 以GB开头的各类国家标准,比行业标准更具有强制性和规范性的要求。

270 一般项目中的标准的总平面图,下方表格为图签栏,栏内标明了图纸内容和专业负责人,各个专业人员在图纸输出后需要签字或盖章。

269),凡是涉及建筑和室内装饰装修的内容,初学者都应购买并阅读,这样在涉及任何种类和项目时,都可以参照设计规范的框架,避免出现违反法规的设计内容。

1. 平面图的绘制

平面图指的是设想用一条水平线将空间对象进行剖切,而后从上部垂直投射在水平面上得到的图样,一般剖切位置在门窗洞上沿处。另外,从下部向上垂直投射出的图样则是顶棚图。平面图可以用来表示各种设计内容,有尺寸图、地面铺装图、家具布置图、人流表示图、消防分区图等。实际项目中设计者需要根据设计对象的复杂程度,相应绘制各类平面图纸来清楚表示设计内容。

此外,平面图也是室内设计在进行功能设计、交通设计、分割尺度等工作前就需要准备的基本资料,所以平面图无论是从建筑单位得到还是自行勘察绘制得出,务必要清晰精准,否则会给日后设计与施工带来隐患。

根据不同设计内容,平面图大致可以分为下列几种:

(1)总平面图:总平面图是为了说明建筑对象总体的平面布局关系、空间大小、地坪高差等情况而绘制的图样(图270)。

(2)分区平面图:分区平面图是为了补充总平面图中缩略的内容而绘制的放大图样,同时也可能是为了说明设计工作承包的准确区域而绘制的图样。

(3)立面索引图:立面索引图是用于表明立面编号与剖立面方向的图样,根据平面索引图可以准确找到相对应的立面图纸。

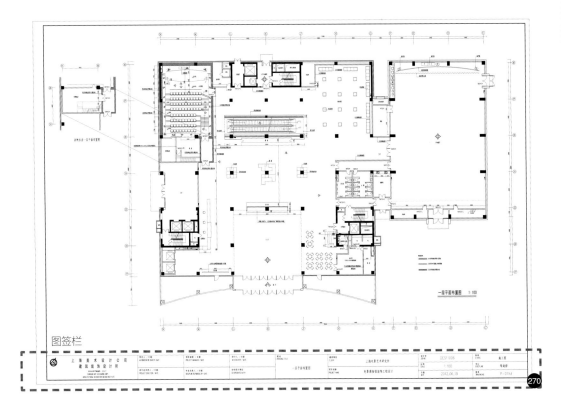

图签栏

270

099
室内设计专业入门 Chapter 1
室内设计的工作程序与设计思考 Chapter 2
室内设计中的空间与界面 Chapter 3
室内设计中的色彩 Chapter 4
室内照明艺术 Chapter 5
室内家具与软装陈设 Chapter 6
室内装饰材料运用 Chapter 7
室内设计制图规范与表现方法 Chapter 8

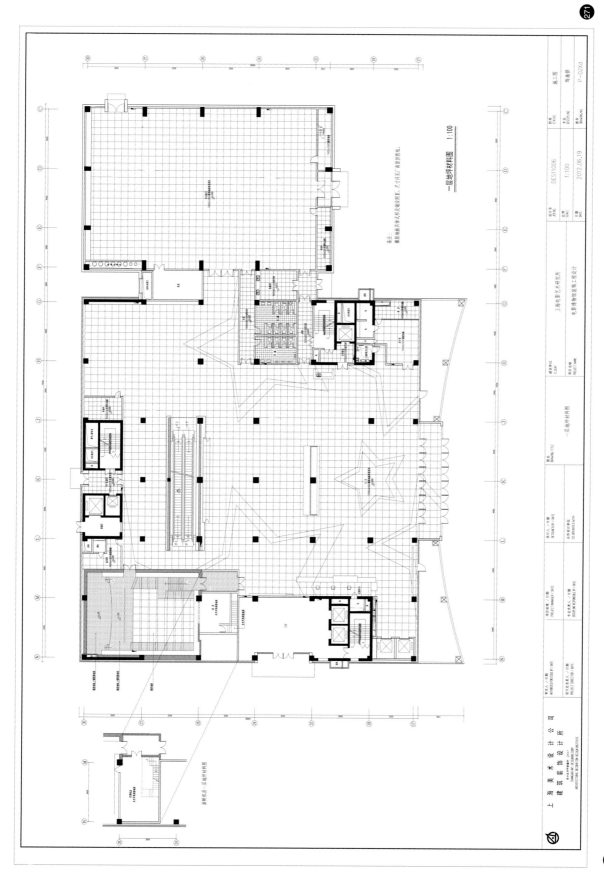

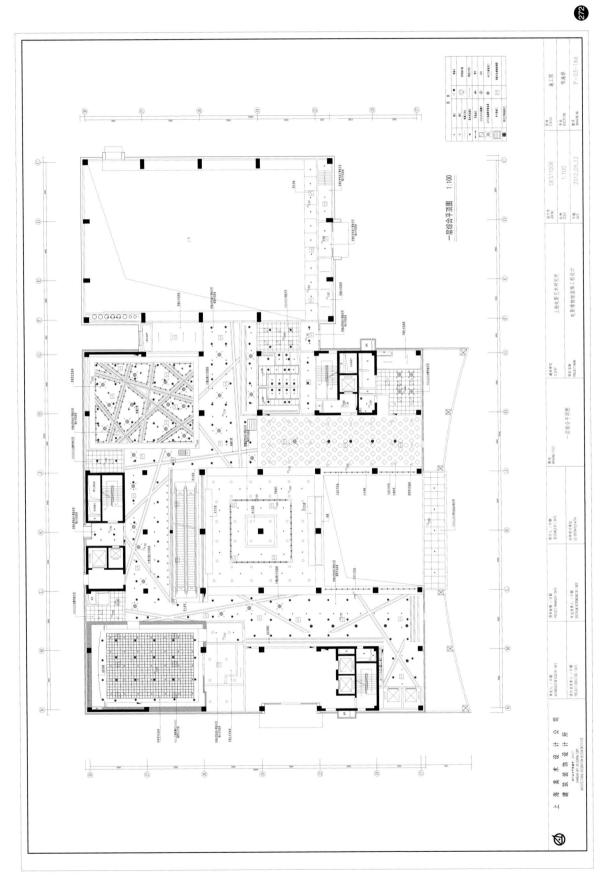

101

Chapter 1 室内设计专业入门

Chapter 2 室内设计的工作程序与设计思考

Chapter 3 室内设计中的空间与界面

Chapter 4 室内设计中的色彩

Chapter 5 室内照明艺术

Chapter 6 室内家具与软装陈设

Chapter 7 室内装饰材料运用

Chapter 8 室内设计制图规范与表现方法

272

272 常规项目综合顶面图

（4）建筑平面图：建筑平面图即原土建单位竣工后绘制的准确图样，新增或修改的构造需要特别标识。室内设计师拿到原建筑图纸后需要进行现场勘察，对比建筑图纸，看是否存在误差。

（5）地面铺装材料平面图：地面铺装材料平面图是对地面装饰材料的形式与铺装施工有详细说明的图样，尤其对地砖等有分割线的铺装材料，要求在地面铺装平面图上明确开线点与收口位置。另外，其对地面高差与材质变化等要求有具体的标注（图271）。

（6）家具布置平面图：家具布置平面图是标明家具在平面图上的位置以及形状的图样，如果家具数量繁多或分类复杂，则需要对家具进行编号归类。

（7）陈设绿化平面图：陈设绿化平面图是用于表示室内空间中绿化摆设和艺术品放置的图样，说明对象形状大小和位置，如果分类复杂或数量庞大，需要在图纸上附上表格。

（8）顶棚造型平面图：顶棚造型平面图是用于表示顶面设计造型的图样，需要清楚标出顶棚的高差起伏，同时说明材质与定位尺寸。

（9）顶棚灯具位置图：顶棚灯具位置图是对顶棚的灯具进行标注，需要说明灯具的大致形状、定位与尺寸，根据需要也可以附上表格对灯具归类。

（10）机电插座平面图：机电插座平面图是对电器设施与开关位置进行标识的图样。该图样需要明确表明电器与插座位置，以及开关类型等内容。

（11）给排水暖气设备位置平面图：给排水暖气设备位置平面图是对暖通设备与排水设备进行说明的图纸。对室内设计师而言，其需要与安装专业设计人员充分交流，明确风口与上下水出口的位置，以方便准确施工。

（12）综合顶面图：综合顶面图是通风、消防、电气、给排水、照明等各个专业综合而成的顶面图纸。此图纸对于设置裸顶效果的顶棚能充分展示其构造形式，另外，各个专业的设计师也会根据此图，会诊本专业的工作准确度。建议不要省去此图样（图272）。

2. 立面图的绘制

立面图指的是将空间中的墙体或隔断等围合面进行平行投射得到的投影图样。它的主要作用是直观地表达空间围合面的形状、尺寸、空间尺度以及门窗形状位置。另外，立面图需要详细标注材料与装修的做法（图273、274）。

立面图绘制需注意：

（1）一般立面图的比例需要根据其空间的尺寸以及需要表达内容的翔实程度进行绘制，根据翔实程度适当控制比例为1:10、1:25、1:30、1:50、1:100等。

（2）当绘制立面图时，设计师需要仔细核对立面图编号，确保与对应的平面图上的索引编号保持一致。

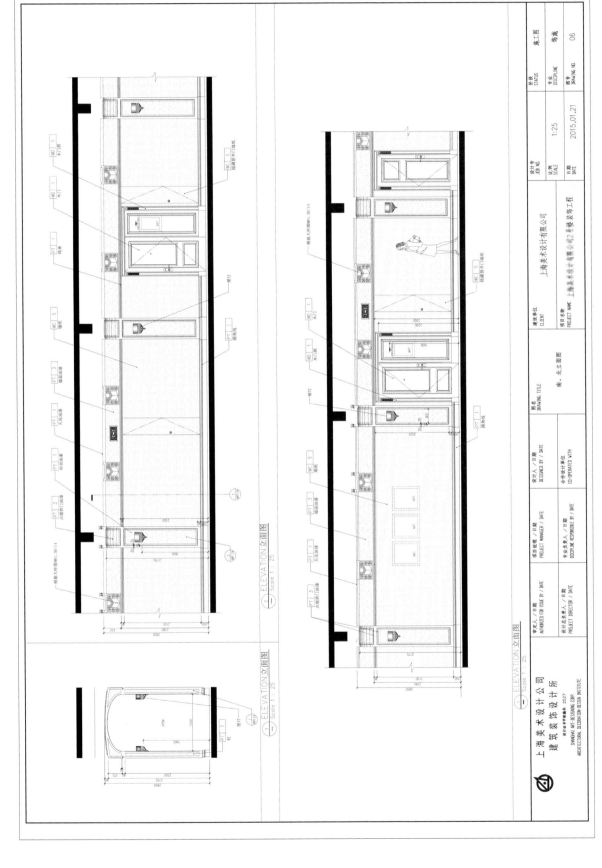

常规项目立面图

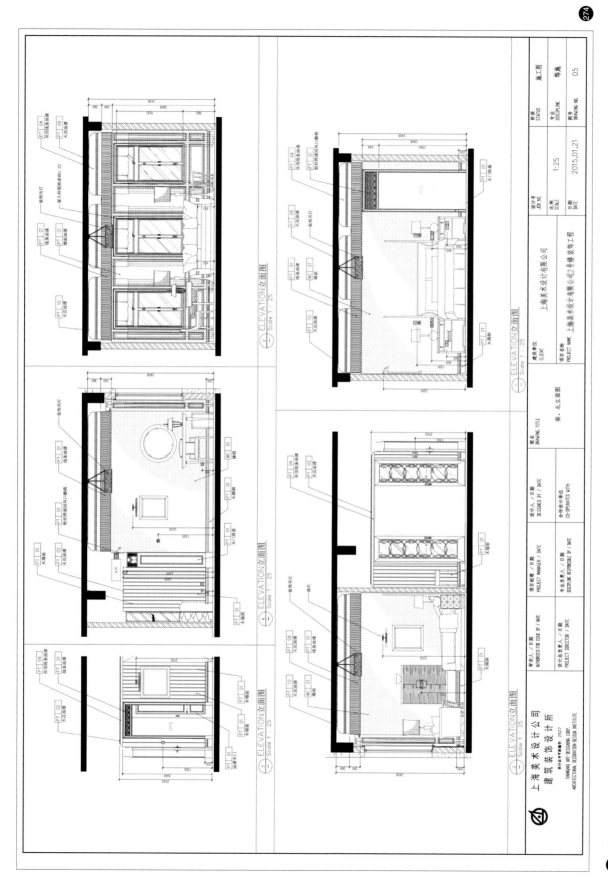

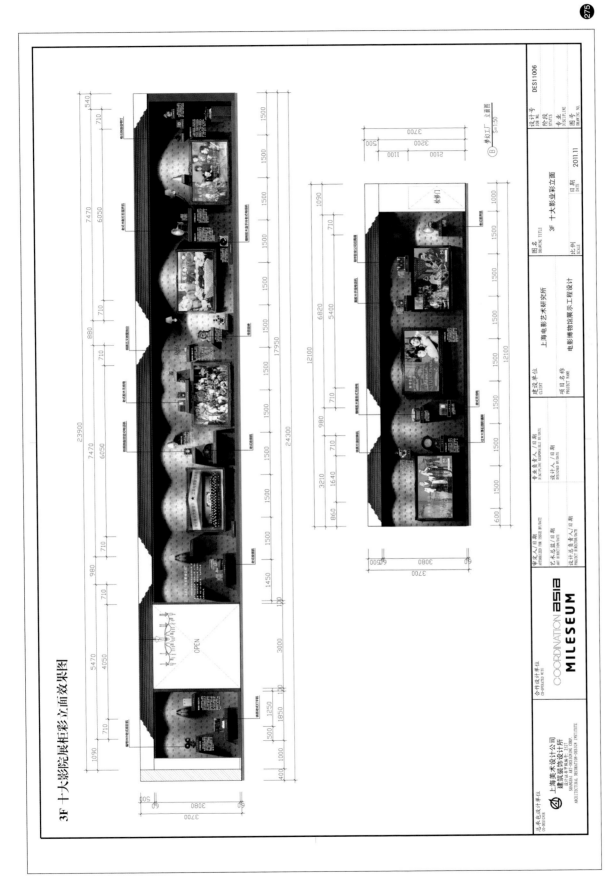

3F 十大影院展柜彩立面效果图

275

105

Chapter 1 室内设计专业入门

Chapter 2 室内设计的工作程序与设计思考

Chapter 3 室内设计中的空间与界面 室内设计中的色彩

Chapter 4 室内照明艺术

Chapter 5 室内家具与软装陈设

Chapter 6 室内装饰材料运用

Chapter 7 室内设计制图规范与表现方法

（3）在绘制立面图中，一般外轮廓线为装修完成面的轮廓线，设计师可根据图的比例选取合适的实线绘制；门窗洞口等选取中等实线绘制，而细部内容、填充线等可用细实线绘制，对于可移动的绿化或家具陈设可用虚线绘制。

（4）立面图样绘制完成后，设计师需要清楚地在图上标出尺寸以及饰面材料的文字说明，同样在图样空余处写清楚图名、比例或其他补充内容。

（5）在某些特殊项目中，根据业主的需求，设计方需要提供彩色立面图。彩色立面图除了标注内容和常规立面图相同以外，还需要设计方对图上的内容进行精准的位置与形态表现（图275）。

3. 剖面图的绘制

剖面图指的是根据设置详图的需要，在立面图上相应位置用一条直线或垂线将立面图切开投射得到的图样。在剖面图的绘制过程中需要注意：

（1）立面图上被剖到处，需要仔细考虑详图节点的合理比例设置，一般会再次放大比例。

（2）剖面图上的图纸索引符号方向与编号要准确与详图对应，同时切剖编号要设置合理，避免重复。

276 常规项目节点详图

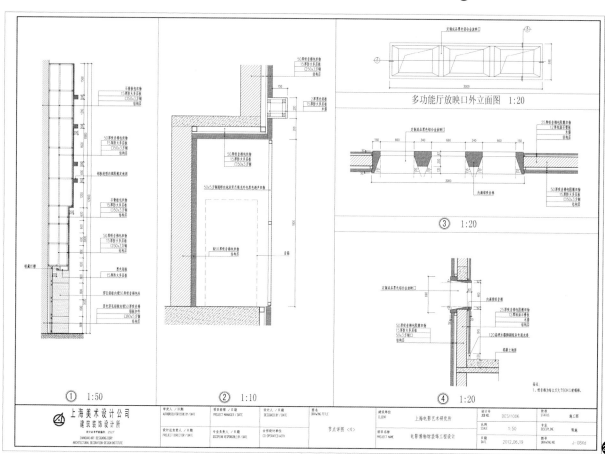

4. 节点大样详图

　　节点大样详图是具体表示装饰面层与基层制作工艺，清楚表示尺寸，详细说明节点关系的图样，一般具有比例大、内容详尽等要求。在绘制详图过程中比例常见有1:1、1:2、1:5等（参考图276）。

5. 图例符号与编制说明

　　图例符号是施工图最基本的要素，绘制要按照图比，取适当大小，同时，标注尽可能按照国家颁布的行业法规进行，这样也有利于审图单位或合作单位的顺利工作。目前根据行业标准颁布的内容，室内装饰的图例的符号如图277、278。

　　图纸与图册的编制需要根据设计项目的复杂程度进行事先的规划。通过合理规划得到的图册，既可以充分说明设计对象，又不会给设计者带来过多的工作负担，当然每个项目需要的图纸量不尽相同，编制图册的方法也可以通过经验充分掌握。不论图纸的数量是多少，图纸的顺序都应当遵守基本的规范。

277 施工图常规符号图例说明（图片参考：赵晓飞著，《室内设计工程制图方法及实例》，中国建筑工业出版社，2008年，光盘文件。）

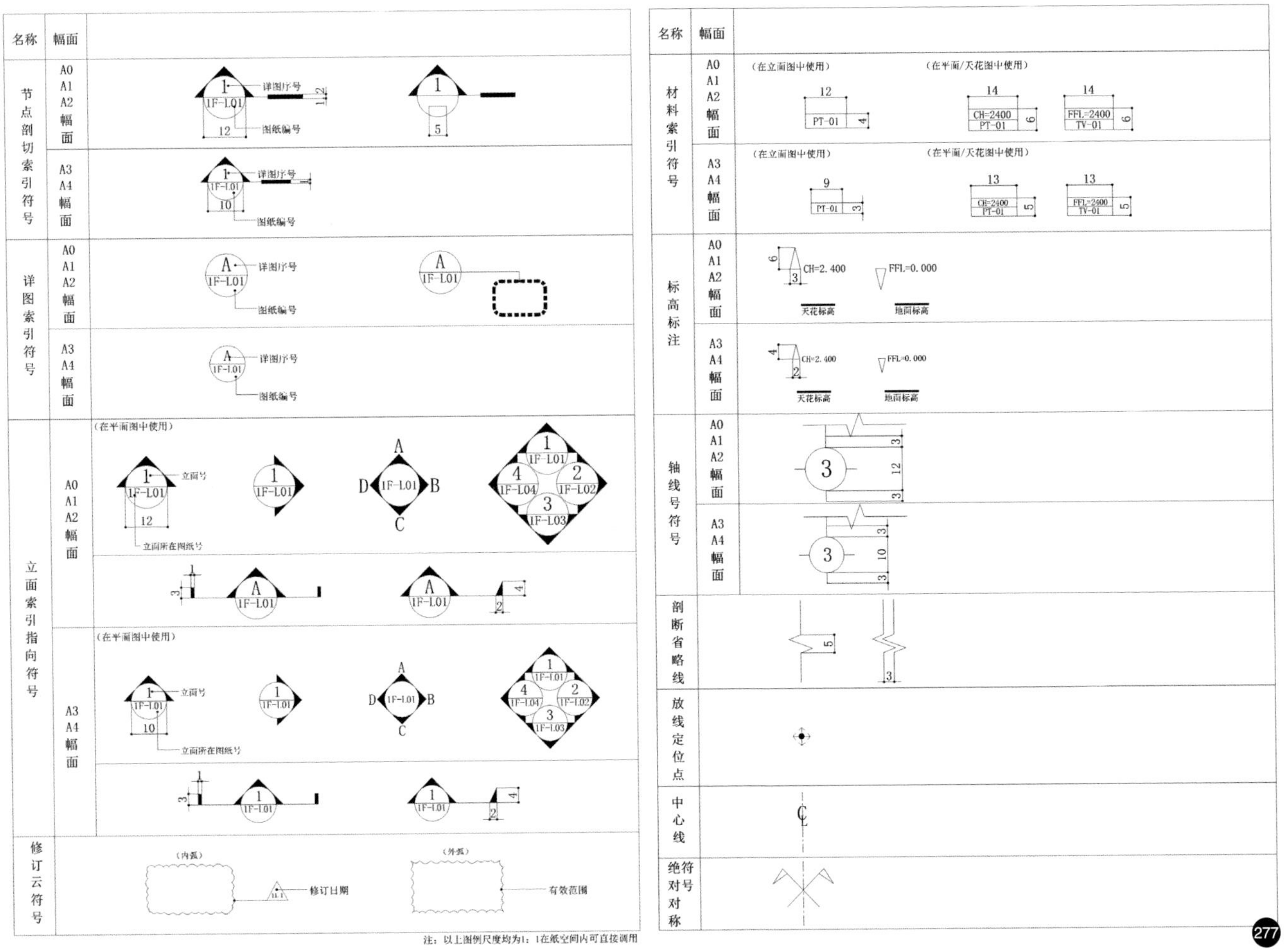

注：以上图例尺度均为1:1在纸空间内可直接调用

278

电气符号图例

符号代码	名称	符号代码	名称	符号代码	名称
（WS）	墙面单联插座（距地300MM）	FW	服务呼叫开关	TL	台灯插座（距地300MM）
	地面单联插座	JJ	紧急呼叫开关	RF	冰箱插座（距地300MM）
WS	壁灯	YY	背景音乐开关	SL	落地灯插座（距地300MM）
	台灯		筒灯/根据造型确定直径尺寸	SF	保险箱插座（距地300MM）
喷淋（下喷/上喷/侧喷）			草坪灯		客房插卡开关
	螺旋探头		直照射灯		三联开关
S	烟感探头		可调角度射灯		二联开关
	天花扬声器		洗墙灯		一联开关
→D	数据端口		防雾筒灯		温控开关
→T	电话端口		吊灯/造型		五孔插座
→TV	电视端口		低压射灯		电视插座
→F	传真端口		地灯		网络插座
	风阀		灯槽		
LCP	灯光控制板		600X600格栅灯		
T	温控电开关		600X1200格栅灯		
CC	插卡取电开关		300X1200格栅灯		
F	火警铃		排风扇		
DB	门铃		吸顶灯		
DND	请勿打扰指示牌开关		照明配电箱		
SAT	人造卫星信号接收器插座	A/C	下送风口/侧送风		
MS	微型开关	A/R	下回风口/侧回风		
SD	调光器开关	A/C	下送风口/侧送风		
	开关	A/R	下回风口/侧回风		
MR	梳妆插座（距地1250MM）		干粉灭火器		
HR	吹风机插座（距地1250MM）	XHS	消火栓		
HD	烘手器插座（距地1400MM）				

注：以上图例尺度均为在图纸空间内使用

材料符号图例

材料	说明	材料	说明
石材/瓷砖	系数/涂料/ANSI33 渲染空间为"1"	灰板	
钢筋混凝土	系数/涂料件胶合板/渲染空间为15"	镜面/玻璃	系数 ZT(GZAG)/渲染空间为"4.45"
混凝土	系数/涂料/钢筋混凝土/渲染空间为"3"		12厚玻璃系数5.345 10厚玻璃系数4.45 3厚玻璃系数3.33 5厚玻璃系数2.227
砂	系数/AR-CONC/渲染空间为"0.4"	软包吸音层（织物、软包）	线 BATTING/可调系数
薄金属	系数/ANSI31/渲染空间为"0/可调系数"	硬隔墙	线 HFX/可调系数（含材料）
基层龙骨	系数/ANSI32/渲染空间为"0/可调系数"	陶瓷类	系数/NFY/渲染空间为"0/可调系数"
细木工板/大芯板	细木工板2x12木地板/渲染空间为"0.025"	台弯板	系数/ANSI31/渲染空间为"0/可调系数"
实木	系数/涂料件木纹面/渲染空间为"0"/可调系数	层积塑材	系数/AR-SAND/渲染空间为"0/可调系数"

空腔墙体　空腔墙体填充/色块编号　钢筋加厚墙体/系数"3"/ANSI37　实心加厚墙体

注：以上图例尺度均为1:1在纸张空间内可直接使用

278 施工图常规机电与材料符号图例说明（图片参考：赵晓飞著，《室内设计工程制图方法及实例》，中国建筑工业出版社，2008年，光盘文件。）

109

Chapter 1　室内设计专业入门
Chapter 2　室内设计的工作程序与设计思考
Chapter 3　室内设计中的空间与界面
Chapter 4　室内设计中的色彩
Chapter 5　室内照明艺术
Chapter 6　室内家具与软装陈设
Chapter 7　室内装饰材料运用
Chapter 8　室内设计制图规范与表现方法

上海美术设计公司　建筑装饰设计所
SHANGHAI ART DESIGNING CORP　ARCHITECTURAL DECORATION DESIGN INSTITUTE

图　纸　目　录

	设计号	DES11006
	图别	装修
	图号	
	共2页	第1页

建设单位：上海电影艺术研究所　工程名称：电影博物馆装饰工程设计　2012年06月

序号	图别图号	图纸名称	采用标准图集 图集编号	采用标准图集 图别图号	图纸尺寸	备注
01	01X	装修设计说明			A2	
02	02X	装饰材料表			A2	
03	03X	门立面及用料表			A2	
04	P-01Xd	一层平面布置图			A0	2012.06.19
05	P-02Xd	一层地坪材料图			A0	2012.06.19
06	P-03Xd	一层顶棚布置图			A0	2012.06.19
07	P-03-1Xd	一层顶棚布置图			A0	2012.06.19
08	P-04Xd	二层平面布置图			A0	2012.06.19
09	P-05X	二层地坪材料图			A0	
10	P-06Xd	二层顶棚布置图			A0	2012.06.19
11	P-07	二层平面布置图			A0	
12	P-08X	三层平面布置图			A0	2012.06.19
13	P-09Xd	三层地坪材料图			A0	
14	P-10X	三层顶棚布置图			A0	
15	P-11X	四层平面布置图			A0	
16	P-12X	四层地坪材料图			A0	
17	P-13X	四层顶棚布置图			A0	
18	P-14X	一层预告片展厅平顶放大图			A0	
19	P-15X	一层临时展厅平顶放大图			A0	
20	P-16X	一层卫生间墙体、平面尺寸图			A0	
21	P-17X	二层卫生间墙体、平面尺寸图			A0	
22	P-18X	三层卫生间墙体、平面尺寸图			A2	
23	P-19Xa	无障碍卫生间平面、平顶、立面图			A2	2012.05.18
24	E-01Xa	一层门厅A、B立面图			A0	2012.03.21
25	E-02Xa	一层门厅C、D、E立面图			A0	2012.03.21
26	E-03Xb	一层门厅进厅F、G、H、J、K立面图			A0	2012.05.12
27	E-04X	二层展厅A、B、C、D、E、F、G立面图			A0	
28	E-05X	三层展厅A、B、C、D、E、F立面图			A0	
29	E-06Xd	一层多功能厅A、B、C、D、E立面图			A1	2012.06.19
30	E-07Xd	4D影院A、B、C、D、E立面图			A1	2012.06.19

填表人　　　组长

上海美术设计公司　建筑装饰设计所
SHANGHAI ART DESIGNING CORP　ARCHITECTURAL DECORATION DESIGN INSTITUTE

图　纸　目　录

	设计号	DES11006
	图别	装修
	图号	
	共2页	第2页

建设单位：上海电影艺术研究所　工程名称：电影博物馆装饰工程设计　2012年06月

序号	图别图号	图纸名称	采用标准图集 图集编号	采用标准图集 图别图号	图纸尺寸	备注
31	E-07-1Xd	4D影院音箱定位A、C、E立面图			A1	2012.06.19
32	E-08X	一层男厕A、B、C、D立面图			A2	
33	E-09X	一层女厕A、B、C、D立面图			A2	
34	E-10X	二层男厕A、B、C、D立面图			A2	
35	E-11X	二层女厕A、B、C、D立面图			A2	
36	E-12X	合用前室A、B、C、D立面图			A2	
37	E-13X	一至四层VIP电梯间立面图			A2	
38	E-14X	电梯检修平立面图			A2	
39	J-01X	一层门厅总服务台、咖啡吧平立面图			A2	
40	J-02X	节点详图 <1>			A2	
41	J-03X	节点详图 <2>			A2	
42	J-04X	节点详图 <3>			A2	
43	J-05Xb	一层多功能厅马道平面图			A2	2012.05.12
44	J-06Xb	一层多功能厅马道吊杆平面布置图			A2	2012.05.12
45	J-07Xa	马道详图			A2	2012.03.21
46	J-08Xd	节点详图 <4>			A2	2012.06.19
47	J-09Xd	节点详图 <5>			A2	2012.06.19
48	J-10Xd	节点详图 <6>			A2	2012.06.19
49						
50						
51						
52						
53						
54						
55						
56						
57						
58						
59						
60						

填表人　　　组长

一般成套的图纸顺序为：封面、目录、编制说明、图表信息、门窗表、总平面图、分区平面图、立面图、剖面图、节点详图、配套专业图纸（部分专业图纸量较大，需要独立成册）（图279）。

此外在编制竣工图纸时，需要明确设计变更的内容，以防止给后期维护和检修工作带来不便。

6. 制图设计说明与编制

图纸的编制是在所有室内设计图纸完成之后，进行的汇总与编册工作。在编册过程中，设计师除了将已有的平面图、立面图、节点大样详图等各类图纸汇集排列以外，最重要的是按照规范要求，编写"施工图设计说明"，以及全部图纸的顺序编排和装订。

"施工图设计说明"的编写需要技巧和耐心。在编写过程中，如何合理规避项目风险，如何正确说明施工方法，如何对施工图纸中存在遗漏或有待商榷的内容进行文字补充，都需要谨慎地在"施工图设计说明"中表达清楚。同时，"施工图设计说明"中描述的内容是最后施工方进行建造施工的重要依据，也是项目是否能够顺利施工的前提条件。

"施工图设计说明"一般包括设计依据、工程项目概况、设计说明、建筑装饰装修材料选用要求说明、施工说明、图纸说明、补充图例、建筑装饰装修工程施工技术要点等内容，要求根据项目的复杂程度和施工具体情况，准确合理地进行编写（图280）。

7. 设计变更

图纸与设计变更是在设计施工过程中经常发生的问题。因此，设计单位要修改文件，以改正原有图纸上的问题。该文件我们称为设计变更，设计变更也是最后施工验收时的依据文件，在此，设计师需要特别注意文件的归档和编号问题（图281）。

设计变更编制的过程中，一般需要注明修改为几号文件、文件的类别以及出图日期。

281 图中为常规项目的设计变更图纸。其中红色画线标出的内容是在设计变更出图过程中需要反复校对的内容。

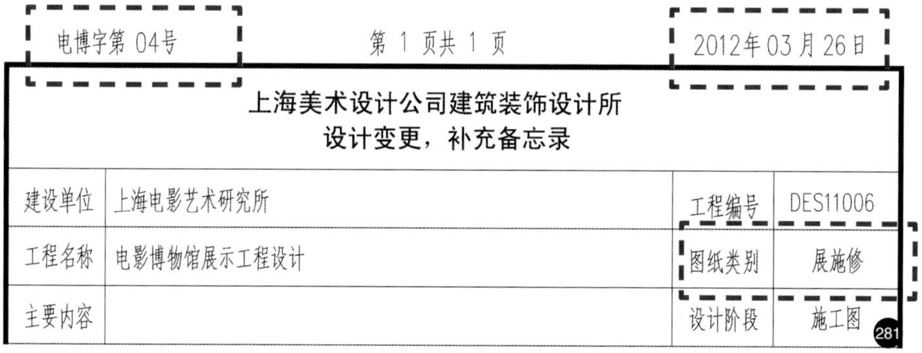

电博字第 04 号	第 1 页共 1 页	2012年03月26日

上海美术设计公司建筑装饰设计所 设计变更，补充备忘录				
建设单位	上海电影艺术研究所		工程编号	DES11006
工程名称	电影博物馆展示工程设计		图纸类别	展施修
主要内容			设计阶段	施工图

281

111

Chapter 1 室内设计专业入门
Chapter 2 室内设计的工作程序与设计思考
Chapter 3 室内设计中的空间与界面
Chapter 4 室内设计中的色彩
Chapter 5 室内照明艺术
Chapter 6 室内家具与软装陈设
Chapter 7 室内装饰材料运用
Chapter 8 室内设计制图规范与表现方法

设计施工说明

一、工程概况及设计内容：
本工程为上海电影博物馆暨电影艺术研究所研究所所业务大楼由上海电影艺术研究所建设，建设地点徐汇区，漕溪北路。
内容一层至十四层，屋顶机房层及屋面室内精装修。

二、设计依据：
本设计依据由浙江省建筑设计研究院提供的原始建筑图，装修设计严遵循国家制订的相关规范进行设计，所有材料，如：石膏板、石材、不锈钢、地砖、玻璃等流程材料的工艺要求组织施工。
认可的效果设计方案进行设计。

三、本设计依据现行有效的设计规范：
GB50352-2005 《民用建筑设计通则》
GB50189-2005 《公共建筑节能设计标准》
GB50045-95(2005) 《高层民用建筑设计防火规范》
GB50222-95(2001局部修订) 《建筑内部装修设计防火规范》
GB50210-2001 《建筑装饰装修工程质量验收标准》
GB50300-2001 《建筑工程施工质量验收统一标准》
JGJ102-2003 《玻璃幕墙工程技术规范》
GB50325-2010 《民用建筑工程室内环境污染控制规范》
GBJ118-88 《民用建筑隔声设计规范》
GB50034-2004 《建筑照明设计标准》
GB50210-2001 《建筑装饰装修工程质量验收规范》
GBJ300-88 建筑安装工程质量检验评定统一标准

四、国家及项目所在地地区颁布的其他规范及标准。

五、所有室内室外用材必须符合GB50325-2010《民用建筑工程室内环境污染控制规范》的规定。此说明与设计图纸相冲突之一处，应按现行规范施工。

六、在施工之前，必须做到以下三点：
（1）施工单位必须复核现有柱子的形状和位置及现有墙体、地面与房间内净尺寸、土建误差等。
（2）复核所有与施工前通知设计单位。

七、本工程凡此专业设备各位置、安装要求，请见其他各专业图纸。

八、本工程凡涉及其他专业设计，如钢结构、玻璃幕墙部分、室内装饰部分。详见其他各专业图纸。

九、施工中室内的地面标高为±0.000，如遇次动则复测以各格标准做为准。

十、各类门窗尺寸详细均以过现场核对为准。

十一、本项目室内设计中的防火门。

二、室内设计的表现方法

1. 透视图与轴测图的运用

　　非设计专业的业主或普通受众通常很难理解设计师所画的专业图纸，所以在表达空间对象的过程中，设计师需要用大量的透视图和轴测图以直观地、清晰地帮助业主理解空间的尺度、空间的咬合交错、室内装饰面的材料形状等各类设置。透视图通常有以下三类：单点透视、两点透视、三点透视。轴测图通常有以下两类：等角投影、轴测透视（图281—283）。

281 在施工图中局部增加轴测图能辅助施工人员直观地观察对象。（王煜新设计）

282 283 全局图的轴测角度能够帮助业主更清晰地看见设计内容。

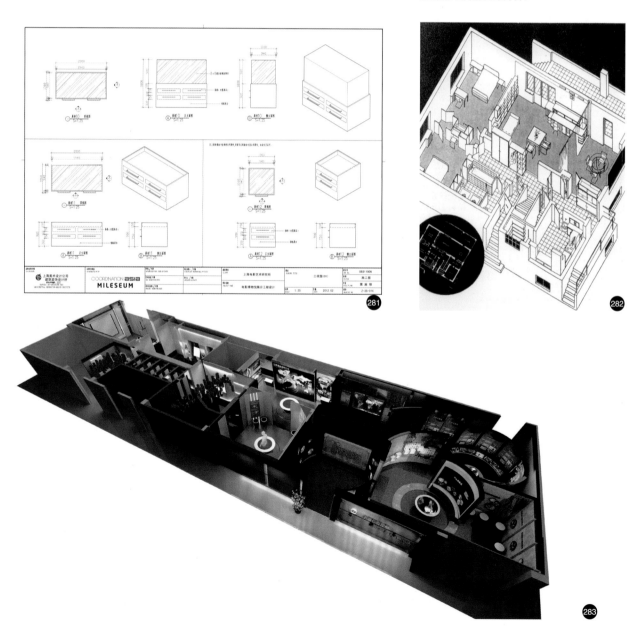

2. 效果图技法和风格与案例欣赏

效果图是设计师传达设计思想、呈现设计内容最为喜欢的表达方式。优秀的效果图能够立刻引起业主的关注，使得设计师在方案谈判过程中占据主动。当今设计作品的效果图，艺术风格百花齐放、多姿多彩。

以下参考图是本教材编者近年来参与设计的各种项目，其中不乏编者比较满意的作品，罗列出来以供同学们参考（图284—290）。

284 285 优秀的效果图如同艺术作品一样，在细节上需要独具匠心的绘制。优秀的效果图需要做到有层次，有主次，具有艺术感染力和视觉吸引力。（王煜新设计）

113

Chapter 1 室内设计专业入门　室内设计的工作程序与设计思考

Chapter 2 室内设计中的空间与界面

Chapter 3 室内设计中的色彩

Chapter 4 室内照明艺术

Chapter 5 室内家具与软装陈设

Chapter 6 室内装饰材料运用

Chapter 7 室内设计制图规范与表现方法

Chapter 8

286 287 中国新闻社浙江分社效果图（齐晓韵设计）

288 展厅效果图（姚洛天设计）

289 样板房卧室效果图（姚洛天设计）

290 会议室效果图（姚洛天设计）

三、学生作业展示与欣赏

　　本案例可供低年级的专业学生进行参考。本案例中的设计从专业的各个方面做到思虑详尽，注重思维方式和设计流程。在设计中养成良好的设计习惯和程序是非常重要的，同时应注意到专业知识中的空间、装饰材料、照明、色彩、道具以及软装等各个方面的内容，尽力进行整合，完成相对完整的小型空间的设计工作。

青溪中学图书阅览中心
Qing Xi middle school books reading center

卢 凡　　　　　　13120227　　　　　　环 艺 A 班

目录

117

Chapter 1 室内设计专业入门　Chapter 2 室内设计的工作程序与设计思考　Chapter 3 室内设计中的空间与界面　Chapter 4 室内设计中的色彩　Chapter 5 室内照明艺术　Chapter 6 室内家具与软装陈设　Chapter 7 室内装饰材料运用　Chapter 8 室内设计制图规范与表现方法

课题背景

本案为中学学生图书阅览中心室内设计，设计场地为青溪中学5号教学楼4层。

图书阅览室建设为校园文化建设的重要组成部分，青溪中学将利用900平米左右的教学场地建设图书阅览中心，以供学生读书、交流、学习。

中学图书馆现状

莱州市第一中学图书馆

01.通过图中环境可知学校对于文化建设比较重视，但是仅仅用文字在拘谨的公共空间中表达出来并不能很好地传达给师生，做不到感同身受。

巴县中学图书馆

02.图书馆室内环境虽然干净整洁，但显得陈旧、苍白，再者拥挤的课桌椅与书架无法使读者身心愉悦，映射出枯燥乏味的学习生活。随着时代的进步，学生的精神文化需求越来越高，这类老旧的图书馆无法满足学生心理需求继而被慢慢淘汰。

观点

现如今大多数校园图书馆环境建设中规中矩，仅仅完善图书馆设施无法满足学生精神需求，因此环境装饰的必要性便体现出来。

对于校园室内环境的装饰设计需改变以往以文字形式在空间中呈现教学要求等的形式，应结合学校教学理念与发展方向，将文字化的办学理念转化为可视的图形装饰形式表现于空间中，可将树作为元素进行提取、变形、优化并运用于空间装饰中，使室内环境对教学传播具有引导性，并使学生切实感受到校园的美好。

本案围绕以上意图展开构想，一方面，在空间上，提取与校园文化相匹配的元素装饰于墙面、隔断、吊顶等空间界面中，另一方面，在装饰手法上，通过抽象表现、装饰墙绘、装饰色彩等艺术表达方式达到功能性与艺术性并存。

本案将建造出灵动、感性的图书馆，从而改变场馆使用率低的现状，提高中学生的图书阅读量并使其热爱阅读，帮助学校更好地传播文化并向上发展。

功能区间

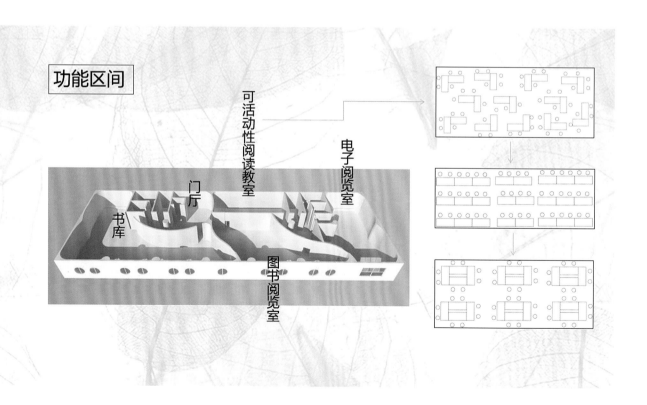

119

Chapter 1 室内设计专业入门　Chapter 2 室内设计的工作程序与设计思考　Chapter 3 室内设计中的空间与界面　Chapter 4 室内设计中的色彩　Chapter 5 室内照明艺术　Chapter 6 室内家具与软装陈设　Chapter 7 室内装饰材料运用　Chapter 8 室内设计制图规范与表现方法

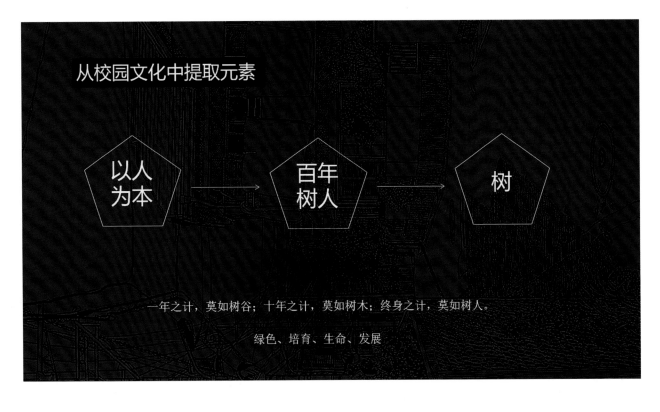

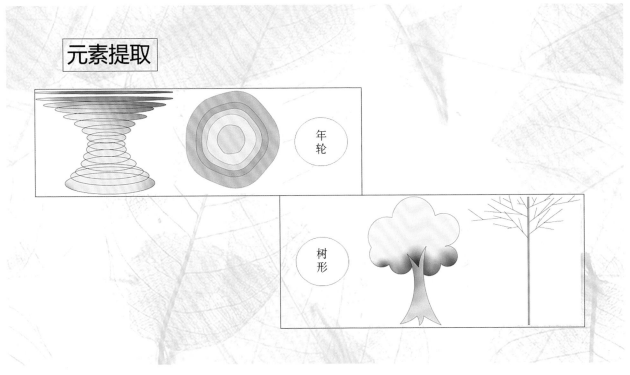

元素在空间中的运用

吊顶

墙面

陈设

空间中的装饰手法

手绘墙艺术

墙绘可依受众群体的特点、喜好等去创作，对于学生群体，校园场景再适合不过，用生动有趣的校园场景增强学生对学校的热爱与留恋。不同于墙纸，手绘墙去除了工业化的枯燥乏味，每一笔都充满了灵气跟惊喜，甚至可以激发学生的绘画兴趣与动手能力。

环境装饰中的色彩

白与灰的文雅色调，夹杂着些许色彩，表现出现代主义风格。

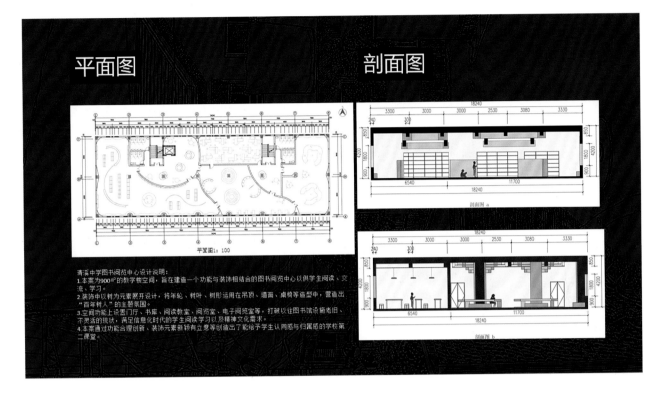

平面图　　　剖面图

平面图1:100

清溪中学图书阅览中心设计说明：
1.本案为900㎡的教学楼空间，旨在建造一个功能与装饰相结合的图书阅览中心以供学生阅读、交流、学习。
2.装饰中以树为元素展开设计，将年轮、树叶、树形运用在吊顶、墙面、桌椅等造型中，营造出"百年树人"的主题氛围。
3.空间功能上设置门厅、书库、阅读教室、阅览室、电子阅览室等，打破以往图书馆设施老旧、不灵活的现状，满足信息化时代的学生阅读学习以及精神文化需求。
4.本案通过功能合理创新、装饰元素新颖有立意等创造出了能给予学生认同感与归属感的学校第二课堂。

剖面图 a

剖面图 b

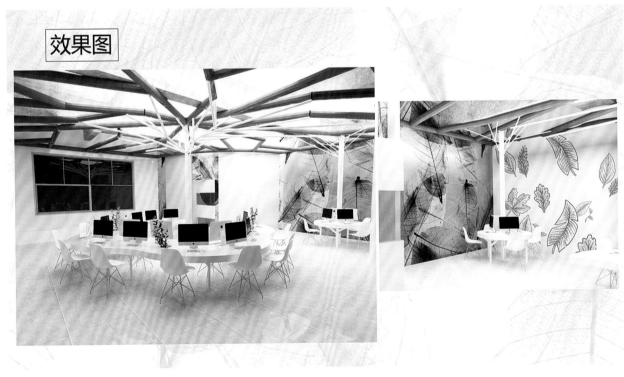

效果图

🔍 课堂思考

----

1. 室内设计规范对于从事设计工作的设计师而言意义如何？

2. 设计理念如何通过合适的表现方法进行表现？

3. 每位设计师应该都是独立的、有创意的。你有没有在视觉表现方法上具有更多创意和独特的风格？如果有，请具体举例。

后记

　　从接到邀稿到编写的完成，本书的编者们反复商讨，群策群力，将书稿最终确定为八个章节，争取能通过这八个章节的内容，将室内设计基础的课程完整且实用地呈现给读者，期待在出版后能让读者和专业同仁感到满意。另外，由于编者们是高校教师以及在设计院前线工作的设计师，大多数编写的工作都是其利用了碎片化的业余时间来完成的，以至在字里行间可能有所遗漏和不足，请读者们给予谅解。这里要特别感谢上海人民美术出版社的孙铭老师给予的支持和帮助，在此致谢。

　　在本书的创作特点上，编者们对个人的教育经历、工作阅历以及教学经历进行了充分思考和记录。在一些章节和知识点的描述中，渐进地阐述设计观点和想法，也希望读者在阅读的同时能独立思考，以探讨和尝试的态度阅读本书中的设计观点。本书编著的特色是以实际的工作经历和项目感受来充实编写内容，与读者交流，希望读者能从中学以致用，得到更贴合实际工作的知识。希望读者能理解编者们的良苦用心，真正能从阅读中学到知识，了解学科。

　　在编写结束后，编者们先后观看了电影《无问西东》并深受感动，谈话中无不被电影主人公们表现出的坚守和家国情怀感染。虽然身处不同时代，希望即将身为设计师的每个读者以及本书的编者们也为这个时代做出思索和贡献，努力为国家繁荣和国民幸福贡献一份力量。

参考文献

（1）[美]卡拉·珍·尼尔森著.美国大学室内装饰设计教程[M].徐军华、熊佑忠译.上海：上海人民美术出版社，2008

（2）马澜著.室内设计[M].北京：清华大学出版社，2012

（3）[美]爱德华·T.怀特著.建筑语汇[M].林敏哲、林明毅译.大连：大连理工大学出版社，2001

（4）[日]和田浩一、小川由利加、富坚优子著.室内设计基础[M].朱波、万劲、蓝志军、秦瑞琪译.北京：中国青年出版社，2014

（5）尚慧芳、陈新业著.展示光效设计[M].上海：上海人民美术出版社，2006

（6）[美]珍妮·科帕茨著.三维空间的色彩设计[M].周智勇、何华、王永祥译.北京：中国水利水电出版社、知识产权出版社，2007

（7）崔唯著.城市环境色彩规划与设计[M].北京：中国建筑工业出版社，2006

（8）GB50222-2017建筑内部装修设计防火规范[S].北京：中国计划出版社，2018

（9）赵晓飞著.室内设计工程制图方法及案例[M].北京：中国建筑工业出版社，2007

（10）张绮曼、郑曙旸著.室内设计资料集[M].北京：中国建筑工业出版社，1991.

（11）GB50034-2004建筑照明设计标准规范[S].北京：中国建筑工业出版社，2004

（14）GB50210-2001建筑装饰装修工程质量验收规范[S].北京：中国建筑工业出版社，2002

（15）JGJ66-91博物馆建筑设计规范[S].北京：中国建筑工业出版社，1991

（16）江崇元、楚梦兰著.建筑装饰装修施工图设计说明编制要点[M].北京：中国建筑工业出版社，2006

（17）王受之著.世界现代设计史[M].北京：中国青年出版社，2002

🔎 《室内设计基础》课程教学安排建议

课程名称: 室内设计基础

总学时: 96 课时

适用专业: 环境艺术设计专业

一、课程性质、目的和培养目标

本课程可作为环境艺术学科下室内设计专业的课程基础, 也可作为建筑设计专业, 展示设计专业等学科的专业基础课程。

课程教学通过室内设计基础教学的八个章节, 帮助学生认知设计、理解知识、掌握技能。其中对设计程序与思路的讲授切合实际项目,强调理论教学与实际项目经验相结合,能充分帮助学生掌握工作流程以及工作方法。另外,有关材料、照明、色彩、空间等章节的讲述,能帮助学生打开思路,为更专业的课程做好铺垫。整个课程可为学生的室内设计专业学习与发展提供坚实的理论依托与方法支撑。

二、课程内容和建议学时分配

教学单元 1: 室内设计专业入门(8 课时)

1. 走进室内设计

2. 室内设计的发展历程

3. 室内专业学科的分类与职业资质

4. 室内设计师的社会责任与新要求

教学单元 2: 室内设计的工作程序与设计思考(12 课时)

1. 室内设计的工作程序以及专业配合

2. 设计思考之使用功能

3. 设计思考之人机工程

4. 设计思考之心理需求

5. 设计思考之艺术审美

教学单元 3: 室内设计中的空间与界面(16 课时)

1. 室内空间的简述

2. 室内空间的组合与划分

3. 室内的界面构成

教学单元 4: 室内设计中的色彩(12 课时)

1. 室内设计中的色彩属性

2. 室内设计中色彩的表情

3. 室内设计中色彩的整合

教学单元 5: 室内照明艺术(12 课时)

1. 室内照明艺术概论

2. 灯具与照明

3. 室内照明形式与种类

教学单元 6: 室内家具与软装陈设(8 课时)

1. 室内家具的选择和类型

2. 室内软装饰艺术品的使用与甄选

教学单元 7: 室内装饰材料运用(12 课时)

1. 室内装饰材料燃烧性能等级简述

2. 室内装饰材料的使用

教学单元 8: 室内设计制图规范与表现方法(16 课时)

1. 室内设计制图规范与标准

2. 室内设计的表现方法

三、课程作业

1. 当代优秀作品分析与介绍,图文并茂,1 篇,2000 字以上。

2. 室内设计照明、色彩、材料、软装等任选一项进行有针对性的调研分析并撰写报告,图文并茂,1 篇。

3. 室内设计施工图和效果图的表现与临摹。

四、评价与考核标准

1. 理论能力(20%)

2. 调查与分析(40%)

3. 临摹与表现(40%)

环境艺术设计专业标准教材

《室内设计简史》

ISBN 978-7-5586-0609-0

定价：75.00 元

《展示设计》（增补版）

ISBN 978-7-5586-2056-0

定价：98.00 元

《商业会展设计》

ISBN 978-7-5586-0607-6

定价：58.00 元

《环境设计手绘表现技法》（新一版）

ISBN 978-7-5586-1568-9

定价：68.00 元

《商业空间设计》（增补版）

ISBN 978-7-5586-2236-6

定价：65.00 元

《家具设计基础》（增补版）

ISBN 978-7-5586-2237-3

定价：65.00 元

《室内软装设计》（新一版）

ISBN 978-7-5586-1670-9

定价：78.00 元

《公共艺术设计》（新一版）

ISBN 978-7-5586-1569-6

定价：65.00 元

《环境人体工程学》（新一版）

ISBN 978-7-5586-1671-6

定价：78.00 元

《装饰材料与工艺》

ISBN 978-7-5586-1064-6

定价：78.00 元

《环境照明设计》（增补版）

ISBN 978-7-5586-2092-8

定价：78.00 元

《城市景观设计》

ISBN 978-7-5586-0606-9

定价：55.00 元

上海人美第一工作室
微信公众账号

提示：扫描右方"上海人美第一工作室"微信二维码，关注公众号平台，在对话框内输入关键词（本书名），即可获得本书更多精彩内容。